CCF优博丛书

U0161017

持久性内存存储系统 关键技术研究

Research on Key Technologies
for Persistent Memory Storage System

陈游旻———— 著

机械工业出版社
CHINA MACHINE PRESS

高速增长的数据总量对存储系统提出了极高的要求。存储系统是数据中心的核心软件，在当前环境下，设计存储系统不得不考虑吞吐率、扩展性、延迟等多方面的需求。

本书重新思考了基于持久性内存的存储系统架构方式，从操作系统、网络系统、存储软件等多个层次开展了研究，做出了一些贡献，具体包括：提出了用户态与内核态系统的持久性内存文件系统；提出了基于连接分组的分布式内存通信原语；提出了一种融合悲观锁和乐观读的新型并发控制协议；设计了一种基于日志结构的持久性内存键值存储引擎。

本书可以为存储领域相关科研人员和从业者提供一些参考，也可以帮助读者深入理解持久性内存技术和分布式存储系统软件架构。

图书在版编目（CIP）数据

持久性内存存储系统关键技术研究／陈游旻著.—北京：机械工业出版社，2022.8（2024.4 重印）
（CCF 优博丛书）
ISBN 978-7-111-71403-3

Ⅰ．①持… Ⅱ．①陈… Ⅲ．①持久性-内存贮器-研究
Ⅳ．①TP333.1

中国版本图书馆 CIP 数据核字（2022）第 149898 号

机械工业出版社（北京市百万庄大街 22 号　邮政编码 100037）
策划编辑：梁　伟　　　　　　责任编辑：游　静
责任校对：韩佳欣　张　薇　　封面设计：鞠　杨
责任印制：常天培
北京机工印刷厂有限公司印刷
2024 年 4 月第 1 版第 2 次印刷
148mm×210mm · 8.625 印张 · 162 千字
标准书号：ISBN 978-7-111-71403-3
定价：52.00 元

电话服务　　　　　　　　　网络服务
客服电话：010-88361066　　机　工　官　网：www.cmpbook.com
　　　　　010-88379833　　机　工　官　博：weibo.com/cmp1952
　　　　　010-68326294　　金　书　网：www.golden-book.com
封底无防伪标均为盗版　机工教育服务网：www.cmpedu.com

CCF 优博丛书编委会

博士研究生教育是教育的最高层级，是一个国家高层次人才培养的主渠道。博士学位论文是青年学子在其人生求学阶段，经历"昨夜西风凋碧树，独上高楼，望尽天涯路"和"衣带渐宽终不悔，为伊消得人憔悴"之后的学术巅峰之作。因此，一般来说，博士学位论文都在其所研究的学术前沿点上有所创新、有所突破，为拓展人类的认知和知识边界做出了贡献。博士学位论文应该是同行学术研究者的必读文献。

为推动我国计算机领域的科技进步，激励计算机学科博士研究生潜心钻研，务实创新，解决计算机科学技术中的难点问题，表彰做出优秀成果的青年学者，培育计算机领域的顶级创新人才，中国计算机学会（CCF）于 2006 年决定设立"中国计算机学会优秀博士学位论文奖"，每年评选不超过 10 篇计算机学科优秀博士学位论文。截至 2021 年已有 145 位青年学者获得该奖。他们走上工作岗位以后均做出了显著的科技或产业贡献，有的获国家科技大奖，有的获评国际高被引学者，有的研发出高端产品，大都成为计算机领域国内国际知名学者、一方学术带头人或有影响力的企业家。

博士学位论文的整体质量体现了一个国家相关领域的科技发展程度和高等教育水平。为了更好地展示我国计算机学科博士生教育取得的成效，推广博士生科研成果，加强高端学术交流，中国计算机学会于 2020 年委托机械工业出版社以"CCF 优博丛书"的形式，陆续选择 2006 年至今及以后的部分优秀博士学位论文全文出版，并以此庆祝中国计算机学会建会 60 周年。这是中国计算机学会又一引人瞩目的创举，也是一项令人称道的善举。

希望我国计算机领域的广大研究生向该丛书的学长作者们学习，树立献身科学的理想和信念，塑造"六经责我开生面"的精神气度，砥砺探索，锐意创新，不断摘取科学技术明珠，为国家做出重大科技贡献。

谨此为序。

中国工程院院士

2022 年 4 月 30 日

推荐序 I

当前，物联网、社交媒体、人工智能和高性能计算等领域均产生了海量数据，对这些数据进行高速和实时的分析处理已经成为众多应用的迫切需求。这些数据密集型应用对存储系统的 I/O 吞吐率、扩展性、延迟等性能指标提出了更为严苛的要求。然而，现有的存储设备（不论是磁盘还是固态硬盘）都受到性能限制，基于 DRAM 的传统内存因其集成度、成本和掉电易失等特性而不能很好地满足数据高速增长对容量、能耗和成本等方面的要求。因此，数据密集型应用迫切需要大容量、低能耗的内存级高性能存储系统，助力数字世界的数据中心、云计算中心、智能计算中心和超级计算中心等新型基础设施的建设。

近年来，各种新型持久性内存技术快速发展，英特尔和美光两家公司联合开发了 3D XPoint 存储芯片。英特尔于 2019 年推出了相应的傲腾持久内存产品，它具有字节寻址、接近 DRAM 的速度和可持久化保存数据的特性，可以直接连接在内存总线上作为持久性内存使用，为数据的实时处理提供了机会。新一代存储和网络设备已经能够提供亚微秒级的访问延迟与超过 10GB/s 的访问带宽，远程直接数据存取

（RDMA）技术从高性能计算领域扩展到数据中心和云计算领域，具有高带宽、低延迟的网络传输特性。然而，传统存储软件设计已经难以充分发挥新型硬件的性能优势，需要重新设计新一代内存级存储系统的软件栈。

本书针对当前持久性内存存储系统所面临的挑战，从操作系统、网络传输系统及存储软件等不同层次展开研究，以实现存储 I/O 高吞吐率、低延迟和高可扩展的性能目标。作者主要在用户态与内核态协同的持久性内存文件系统架构、基于连接分组的分布式内存通信原语、融合悲观锁和乐观读的新型并发控制协议以及基于日志结构的持久性内存键值存储引擎等方面探索了新的研究思路和方法。这些新成果为构建高性能的分布式持久性内存存储系统提供了关键技术支撑。本书可以帮助读者深入理解持久性内存技术和分布式存储系统软件架构，对存储领域相关的科研人员与从业者具有重要的参考价值。

肖侬

国防科技大学教授

2022 年 4 月 12 日

在大数据时代，全球数据总量激增，各类新型业务对数据存储容量和性能的需求也随之提升。近年来，以 DRAM 为核心的内存计算方案快速被市场熟知，但因其高昂的价格、容量的限制、数据掉电丢失等缺陷而未能得到大规模部署。持久性内存是一种全新的存储介质，它能够将传统外存和 DRAM 各自的优点结合起来，在提供数据持久性存储的同时还具有带宽高、延迟低等特点。

持久性内存是系统社区最热门的研究话题之一。据不完全统计，存储领域国际顶级会议 FAST（USENIX Conference on File and Storage Technologies）在 2021 年共有 7 篇论文与持久性内存相关，占比高达 25%。我国也高度关注持久性内存相关技术的发展，并将其列为"十三五"规划内容。

本书的研究内容正是在上述背景下展开的。本书指出，如果仅将存储硬件替换为持久性内存而保留传统的存储系统软件，虽然能够获得一定的性能提升，但远未能将新型硬件的性能优势发挥到极致。本书将其背后的关键挑战总结为"存储软件开销高，系统架构难扩展，硬件特性难感知，吞吐延迟难兼顾"四个方面。围绕上述关键挑战，陈游旻博士分别从操作系统、网络系统、存储软件等不同层次开展了研究，构建了用户态与内核态协同的文件系统架构 Kuco、面向连接分组的分布式内存通信机制 ScaleRPC、融合悲观锁与乐观读的并发控制协议 Plor，以及基于日志结构的键值存储引擎 FlatStore。本书还进一步介绍了融合上述关键技术的分布式持久性内存存储系统 TH-DPMS，该系统为持久性内存在分布式环境下的应用提供了统一的软件抽象，具有性能高、接口灵活、安全等特点。

陈游旻博士的相关研究成果得到了学术界和工业界同行的关注，例如：他作为第三完成人获得了华为首届奥林帕斯奖并赢得百万悬红，作为第二完成人获得了 CCF 技术发明一等奖；他所提出的分布式持久性共享内存池在全球网络存储工业协会被 Mellanox 等列入值得关注的系统，在 OpenFabrics 被英特尔列为网络与存储全栈设计的例子之一；他所提出的 FlatStore 被 Kimberly Keeton（ACM Fellow）列为持久性键值存储的典型代表；他所发表的论文被列入 UIUC 的《高级分布式系统》课程阅读材料，等等。本书内容也同时获得了清华大学优秀博士学位论文奖和 ACM ChinaSys 优秀博士学位论文奖。

本书创新性强、条理清楚、内容详实，如果您对持久性内存的相关研究感兴趣，我相信本书一定能给您带来一些收获。

周可
华中科技大学教授
2022 年 4 月 28 日

新型持久性内存具有字节可寻址、数据掉电不丢失、性能高等硬件特性，这为构建高性能存储系统带来了新的机遇。然而，持久性内存独有的硬件特性影响了现有存储系统设计：其极低的访问延迟使得传统存储系统的软件开销占比日益凸显，另外，其硬件属性难以被传统上层软件感知。本书从操作系统、存储网络及分布式存储系统等不同层次研究了持久性内存存储系统的关键技术，有重要的理论意义和实用价值。本书主要研究工作和贡献有：

1）提出了一种用户态与内核态协同的持久性内存文件系统架构。该文件系统架构将存储栈从内核态扩展到用户态，并引入了协同索引、两级锁协议、版本读等机制将耗时操作从内核态卸载至用户态。实验结果表明，该文件系统架构提升的性能最高可达一个数量级，显著降低了软件开销，可扩展性好。

2）提出了一种结合悲观锁和乐观读的新型并发控制协议。在遇到锁冲突时，事务可以继续执行，而仅在事务提交阶段再进行冲突检测，保证了事务按序提交。实验结果表明，该并发控制协议的吞吐率可达到乐观并发控制协议的水平，但其 99.9% 尾延迟可降低一个数量级。

3）提出了一种基于 RDMA 的远程过程调用原语。该原语通过连接分组机制将网络连接划分到不同组，并以时间片轮询的方式服务各组，可有效避免网卡缓存争用；同时，通过虚拟映射机制使多组网络连接共用同一物理消息池，可有效提升 CPU 缓存利用率。实验结果表明，该原语可实现与不可靠连接相近的网络传输扩展性。

4）针对持久性内存更新粒度大的问题，提出了一种基于日志结构的持久性内存键值存储引擎。该存储引擎充分利用网络请求的批量处理，可有效降低对持久性内存的写入次数，同时通过流水线式批量处理机制，在提升带宽的同时降低响应延迟。实验结果表明，该存储引擎相比现有系统，性能提升可达 2.5~6.3 倍，性能提升效果显著。

本书作者在计算机学科具有坚实宽广的理论基础和系统深入的专业知识，有很强的独立从事科学研究的能力。本书研究工作有创新性，结构合理，叙述清楚，已达到优秀博士学位论文水平。

舒继武

清华大学教授

2021 年 6 月 30 日

摘 要

存储系统作为数据的载体，在应对爆炸式增长的数据时面临严峻的挑战；同时，人工智能等新型应用还对存储系统的吞吐率、延迟、扩展性等性能指标提出了极为严苛的要求。新型持久性内存具有字节可寻址、数据掉电不丢失、性能高等硬件特性，这为构建高性能存储系统带来了新的机遇。然而，持久性内存具有极低的访问延迟，这使得传统存储系统的软件开销占比日益凸显；并且，持久性内存特殊的硬件属性难以被存储系统软件感知，从而导致其性能优势难以被充分发挥。为此，本书重新思考了基于持久性内存的存储系统架构方式，并在操作系统、网络系统、存储软件等不同层次展开了研究。

- 针对文件系统软件开销高和系统难扩展的问题，本书提出了用户态与内核态协同的持久性内存文件系统架构 Kuco。 Kuco 将存储栈从内核态扩展到用户态，并利用内核线程管理文件系统元数据及权限。为防止内核线程成为系统瓶颈， Kuco 引入了协同索引、两级锁协议、版本读等内核态与用户态的协同处理逻辑。实验表明， Kuco 最高可将元数据吞吐率提升至现有方法的 16 倍。

- 针对 RDMA 在可靠模式下难扩展的问题，本书提出了基于连接分组的分布式内存通信原语 ScaleRPC。该原语将网络连接划分到不同组，并以时间片轮询的方式服务各组，从而避免出现网卡缓存争用的问题；同时，引入了虚拟映射机制使多组网络连接共用同一物理消息池，从而降低 CPU 缓存缺失率。实验表明，ScaleRPC 可以实现与不可靠模式相近的扩展性。

- 针对事务系统在负载冲突时尾延迟高的问题，本书提出了一种融合悲观锁和乐观读的新型并发控制协议 Plor。 Plor 要求事务在执行过程中首先对数据项加锁，然后再读取对应数据项。在遇到锁冲突时，事务可以继续执行，而仅在事务提交阶段再进行冲突检测，以此保证事务按序提交。实验表明， Plor 的吞吐率可达到乐观并发控制协议的水平，并将 99.9% 尾延迟降低至原来的 1/12。

- 针对持久性内存更新粒度与访问粒度不匹配带来的低效性问题，本书设计了一种基于日志结构的持久性内存键值存储引擎 FlatStore。 FlatStore 通过多核流水线调度的批量处理机制将小写请求合并处理，从而降低对持久性内存的写入次数，并在提升带宽的同时降低响应延迟。实验表明， FlatStore 相比现有系统，性能提升最高可达 6.3 倍。

关键词：持久性内存；远程直接内存访问；存储系统；分布式系统

ABSTRACT

Storage systems are facing severe challenges in dealing with the explosive growth of data; meanwhile, new applications such as artificial intelligence also impose extremely stringent performance requirements on throughput, latency, and scalability of storage systems. Emerging byte-addressable persistent memory (PM) stores data like hard disks that survives power outages, and delivers low latency and high bandwidth that are close to DRAM. However, such new devices also drive us to rethink the new architecture of storage systems: persistent memory exhibits extremely low latency, making the software overhead of traditional storage systems increasingly obvious, and the unique hardware features also make it difficult for storage systems to fully exploit their hardware performance. To this end, we propose to redesign the persistent memory storage system architecture, and conduct research from the aspects of operating system, networking, and storage system, as follows.

- In response to the problem of high software overhead and low scalability, we propose a new persistent memory file system architecture named Kuco based on kernel and userspace collaboration. Kuco extends the storage stack from kernel to userspace, and utilizes a kernel thread to manage the metadata and enforce protection. To prevent the kernel thread from becoming a bottleneck, Kuco introduces collaborative indexing, two-level locking, and versioned reads to offload time-consuming operations from kernel to userspace. Experiments show that the performance of Kuco is 16 times higher than existing systems for metadata operations.

- To improve the scalability of reliable connection-based RDMA, we propose an remote procedure call primitive named ScaleRPC. ScaleRPC divides client connections into different groups via a connection grouping mechanism, and serves each group in a time-sharing multiplexing approach, thereby avoiding cache contention in the network card. Experiments show that ScaleRPC exhibits comparable scalability to unreliable connections.

- To reduce the tail latency of transactional systems when processing workloads with high conflict rate, we propose a new concurrency control protocol named Plor based on pessimistic locking and optimistic reading. Plor requires a transaction to lock the data item before actually reading it, however, it allows the transaction to ignore lock conflicts without been blocked. Conflict detection is delayed to the commit phase, ensuring that transactions are committed in the timestamp order. Experiments show that the throughput of Plor is comparable to that of optimistic concurrency control protocol, while reducing the 99.9% latency to 1/12 of the original.

- Persistent memory updates data with a granularity of 256 bytes, despite its byteaddressability. To better utilize such devices, we propose a log-structured persistent memory key-value storage engine named FlatStore. The central idea is batching the network requests, thus merging small updates to bigger ones, which reduces the number of writes to PMs. At the same time, we introduce a pipelined batching mechanism to reduce latency while without compromising the batching opportunity. Experiments show that FlatStore improves throughput by 6.3 times compared with existing systems.

Keywords: persistent memory; remote direct memory access; storage system; distributed system

目 录

第1章 引言

第 2 章　相关工作

第 3 章　Kuco：用户态与内核态协同的文件系统架构

第 4 章　ScaleRPC：面向连接分组的分布式内存通信机制

第 5 章　Plor：融合悲观锁与乐观读的并发控制协议

第 6 章 FlatStore：基于日志结构的键值存储引擎

插图索引

表格索引

符号和缩略语说明

2PL	两阶段锁（two-Phase Locking）
ACL	访问控制列表（Access Control List）
CPU	中央处理器（Central Processing Unit）
CoW	写时复制（Copy-on-Write）
CQ	完成队列（Completion Queue）
DAX	直接访问（Direct Access）
DCT	动态连接传输（Dynamically Connected Transport）
DDR	双倍速率（Double Data Rate）
DMA	直接内存访问（Direct Memory Access）
DPDK	数据平面开发工具包（Data Plane Development Kit）
DRAM	动态随机存取存储器（Dynamic Random-Access Memory）
DSM	分布式共享内存（Distributed Shared Memory）
HCA	主机通道适配器（Host Channel Adapter）
HDD	硬盘驱动器（Hard Disk Drive）
HTM	硬件事务内存（Hardware Transactional Memory）
IB	无限带宽技术（InfiniBand）
I/O	输入输出（Input/Output）
IP	网络互连协议（Internet Protocol）
IPC	进程间通信（Inter-Process Communication）

iWARP	广域网 RDMA 协议（internet Wide Area RDMA Protocol）
KV	键值（Key-Value）
LLC	末级缓存（Last-Level Cache）
MMIO	内存映射输入输出（Memory-Mapped I/O）
MPK	内存保护秘钥（Memory Protection Key）
NTP	网络时间协议（Network Time Protocol）
NUMA	非统一内存访问（Non Uniform Memory Access）
NVDIMM	非易失双列直插内存模块（Non-Volatile Dual In-line Memory Module）
OCC	乐观并发控制（Optimistic Concurrency Control）
PCIe	高速串行计算机扩展总线（Peripheral Component Interconnect express）
PCM	相变存储器（Phase Change Memory）
PM	持久性内存（Persistent Memory）
PMDK	持久性内存开发工具包（Persistent Memory Development Kit）
POSIX	可移植操作系统接口（Portable Operating System Interface）
QP	队列对（Queue Pair）
RC	可靠连接（Reliable Connection）
RDMA	远程直接内存访问（Remote Direct Memory Access）
ReRAM	电阻式存储器（Resistive Random-Access Memory）

RoCE	基于融合以太网的 RDMA（RDMA over Converged Ethernet）
RPC	远程过程调用（Remote Procedure Call）
SLO	服务级别目标（Service-Level Objective）
SNIA	全球存储网络工业协会（Storage Networking Industry Association）
SPDK	存储性能开发工具包（Storage Performance Development Kit）
SSD	固态驱动器（Solid State Drive）
TCP	传输控制协议（Transmission Control Protocol）
TPC	事务处理性能委员会（Transaction Processing performance Council）
UC	不可靠连接（Unreliable Connection）
UD	不可靠数据包（Unreliable Datagram）
WQE	工作队列元素（Work Queue Element）
VFS	虚拟文件系统（Virtual File System）
YCSB	雅虎云服务基准测试工具（Yahoo! Cloud Serving Benchmark）

第 1 章

引言

1.1 研究背景与意义

随着云计算、移动互联网等新技术的发展与普及，大数据正在成为经济社会发展新的驱动力。从 2013 年到 2020 年，全球数据总量从 4.4ZB 迅猛增长至 44ZB，7 年内增幅达 10 倍，几乎每两年翻 1 倍[1]。与此同时，电子商务、自动驾驶、高频交易等新兴应用逐渐从简单的数据处理演变为实时响应的复杂分析业务[2]，这就要求数据中心能够以极高的速度收集、存储、处理和分析数据。存储系统是数据中心的核心软件，承载着海量数据。因此，存储系统的设计面临着巨大挑战，这主要体现在以下方面。

- 吞吐率需求。随着数据总量和用户规模与日俱增，存储系统在吞吐率方面所面临的压力也更加严峻。例如，2020 年天猫 "双十一" 的订单峰值吞吐率高达 58.3 万笔/秒。在处理订单请求的过程中，存储系统需要频繁介入,因此,存储系统的性能对数据中心的整体处理能力具有决定性作用。

- **扩展性需求**。数据中心集群一般会增加更多的服务器以应对应用程序对容量、吞吐率等方面的需求。然而,数据中心的总体性能并不总能够随着节点数量的增加而线性增长。除单方面增加硬件设备的数量外,系统开发人员还需要充分考虑存储软件的扩展性。例如,为提升高速存储设备(例如固态硬盘)的硬件利用率,Linux 从 3.13 版本开始在块设备层增加了多队列的支持。然而,基于持久性内存的存储软件栈在操作系统、网络传输、存储软件等不同层次依旧面临着严重的扩展性问题。

- **延迟需求**。实时性业务对低延迟的要求极为严苛,这主要体现在以下两个方面。一方面,应用程序希望系统的总体延迟(即平均延迟)保持在较低水平。传统存储栈基于外存设备而设计,其中断机制、批量处理技术等致力于提升吞吐率,但很大程度地影响了系统响应延迟。近年来,随着高速存储及网络设备的逐渐普及,SPDK、DPDK 等新型用户态 I/O 栈相继出现。它们在用户态轮询设备请求以充分发挥高速硬件的低延迟特性,但具有 CPU 资源消耗高、性能抖动等缺陷。另一方面,应用程序希望系统的尾延迟(例如99.9%延迟)保持在较低水平。数据中心业务一般部署在成千上万个服务器节点上，客户端的一个简单请求在发送到数据中心之后可能需要数台服务器共同参与并做出响应，从而呈现出"高扇出"的特点。然而，客户端请求的响应信息仅当所有参与的服务器做出响应之后才会被最终返回，即客户端的响应延迟取决于数据中心服务器中最慢的那一个。因此，数据中心的尾延迟优化至关重要。

为应对上述挑战，近年来，系统研究人员提出了将数据直接存放在 DRAM（例如 SAP-HANA[3]、Redis[4]、Spark[5]等）的内存存储和内存计算方案。与机械磁盘等外存设备相比，DRAM 具有低延迟（$\approx 100\mu s$）、高带宽（$\approx 100GB/s$）等特点。然而，DRAM 也具有诸多缺陷，例如：①容量低，目前单条 DRAM 设备的最大容量仅为 128GB；②功耗高，据调查，DRAM 几乎可以消耗计算机系统一半的功耗[6]；③价格昂贵，DRAM 的单位容量成本约为 7.6 美元/GB，这相当于固态硬盘的 20 倍，机械硬盘的 200 倍；④数据掉电会丢失，DRAM 需要持续的电源输入来维持其存储的信息；⑤DRAM 的后台刷新会导致其性能不稳定。另外，内存存储系统由各服务器节点通过以太网互连构建而成，节点间的通信延迟高达 $100\mu s$。容易观察到，将数据从磁盘移动到 DRAM 可以将访问延迟减少到原来的 1/100 000，但是通过网络访问远端内存则会将这种优势削弱至原来的 1/1 000[2]。上述这些因素阻碍了内存存储技术在数据中心的大规模应用。

持久性内存（Persistent Memory，PM）能够像磁盘一样持久地存储数据，具有接近 DRAM 的性能，同时还能提供远高于 DRAM 的存储密度。PM 通过内存总线与 CPU 互连，因此，CPU 可以按字节粒度访问 PM。英特尔于 2019 年 4 月发布了傲腾持久性内存（Optane DC persistent memory），这是目前市场上唯一商用的持久性内存存储设备[7]。在网络传输方面，远程直接内存访问（Remote Direct Memory Access，RDMA）具有高带宽、低延迟的网络传输特性。同时，RDMA 可以在接收方 CPU 不参与的情况下直接访问远端服务器的内存，从而有效降低 CPU 资源的消耗。持久性内存和 RDMA 技术的出现为构建大容量、高性能和低延迟的内存存储系统带来了希望（图 1-1 对比了不同的存储系统构建方案）。

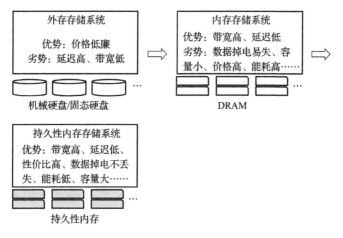

图 1-1　存储系统构建方案对比

值得注意的是，基于上述新型硬件构建存储系统并不意味着吞吐率、延迟及扩展性等方面的问题就能得到较好解决。本书特别指出，存储系统软件设计的好坏将极大程度影响系统总体性能。例如，本书第 3 章将说明，现有的存储栈针对外存设备而设计，其臃肿的架构会导致应用程序无法充分发挥高速硬件的性能特性；再例如，本书第 4~6 章还指出，持久性内存和 RDMA 展现出与传统器件不同的硬件特征，软件层次若忽视了这些特有的硬件属性，不仅会错失进一步提升软件性能的机会，还会导致性能抖动、效率低下等一系列新的问题。

1.2 持久性内存存储系统概述

1.2.1 持久性内存与 RDMA 技术

持久性内存。经典的计算机存储器层次结构是由易失性内存（包括处理器缓存、DRAM 等）和持久性外存（包括机械磁盘、固态硬盘等）构成。在如图 1-2 所示的存储金字塔中，存储层级越高，其距离处理器越近，容量越小、访问速度越高，单位容量价格也就越贵。相变存储器（Phase Change Memory，PCM）[8-10]、电阻式存储器（Resistive Random-Access Memory，ReRAM）[11] 等新型持久性内存的出现打破了上述存储层级。持久性内存像 DRAM 一样，通过内存总线与处理器直接相连,处理器可以通过内存指令按字节粒度访问持久性内存,且访问延迟与 DRAM 十分接近。另外,持久性内存还能像外存设备一样持久地存储数据,即使在系统掉电时数据也不会丢失。因此,持久性内存属于一个全新的存储层级。

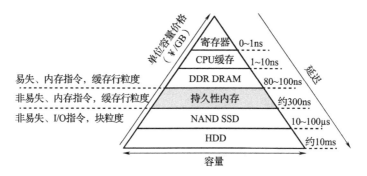

图 1-2　计算机系统存储金字塔结构示意图

2019 年 4 月,英特尔正式发布了首代傲腾持久性内存[7],其单条设备容量最高可达 512GB。傲腾持久性内存可以被配置为内存模式(memory mode)和应用直访模式(app-direct mode)。在内存模式下,DRAM 充当傲腾持久性内存的缓存;而在应用直访模式下,傲腾持久性内存和 DRAM 拥有各自独立的物理地址空间,应用程序可将持久性内存设备映射到用户态进行直接访问。

为优化程序性能,现代处理器和编译器均会将程序指令进行乱序执行,并且处理器高速缓存也会乱序地将脏缓存行逐出到持久性内存。因此，计算机并不会按照程序员指定的顺序将数据写入持久性内存中，这会导致数据持久性和一致性等方面的问题。为此，程序员需要显式地在需要立即持久化的数据之后增加缓存刷写指令（如 clflushopt、clwb 等），强制将数据写入持久性内存中，并通过内存屏障指令（如 mfence）明确写操作之间的顺序，防止指令乱序执行。

RDMA 技术。RDMA 是一种区别于 TCP/IP 的网络传输协议，它允许本地 CPU 绕过操作系统直接读写远端节点内存，该过程无须远端 CPU 参与。目前有 3 类网络架构支持 RDMA 技术，分别为 IB（InfiniBand）、RoCE（RDMA over Converged Ethernet）和 iWARP（internet Wide Area RDMA Protocol）。其中，RoCE 和 IB 具有相同的上层网络协议栈，RoCE 在数据链路层完全兼容以太网，而 iWARP 则保留了完整的 TCP/IP 的协议栈。RDMA 通信链路可以被配置为 3 种模式，分别为可靠连接（Reliable Connection，RC）、不可靠连接（Unreliable Connection，UC）和不可靠数据报（Unreliable Datagram，UD）。其中，UD 支持"一对一"和"一对多"数据传输，而 RC 和 UC 仅支持"一对一"数据传输。

RDMA 可通过两类原语访问远端内存，分别为双边原语（two-sided verbs）和单边原语（one-sided verbs）。其中，双边原语包括 recv 和 send 两种，它们类似于套接字编程中的收发原语。在发送消息之前，接收方需要提前调用 recv 原语来指定接收消息的存放地址，因此，双边原语的完成需要收发双方共同参与。单边原语包含 read（读）、write（写）以及相应的变种（例如 write-imm、原子操作等）。这类原语可以在远端 CPU 不介入的情况下直接读取或更新远端内存。不同原语在不同的通信链路模式下具有不同的支持程度，详细情况如表 1-1 所示。

表 1-1　不同连接模式对 RDMA 原语的支持及最大传输单元

原语类型	send/recv	write[-imm]	read	原子操作	最大传输单元
RC	√	√	√	√	2GB
UC	√	√	×	×	2GB
UD	√	×	×	×	4KB

1.2.2　持久性内存存储系统发展趋势

随着各类硬件技术的迅猛发展，新一代存储和网络设备已经能够提供亚微秒级访问延迟和超过 10GB/s 的访问带宽。然而，传统存储软件由于其老旧的设计已经逐渐难以充分发挥新型硬件的性能优势，系统研究人员开始密切关注新一代内存级存储系统的设计，本书将持久性内存存储系统的变化趋势总结为以下几点。

1）用户态直接访问。传统外存存储及网络设备均由操作系统统一接管，应用程序通过标准化系统调用接口陷入内核访问硬件设备，操作系统则通过中断机制与外部设备进行交互。由于持久性内存和 RDMA 的访问延迟极低，传统的软件栈显得过于低效，其毫秒级的软件调度延迟相比于硬件设备的延迟高出一至多个数量级，高速硬件的低延迟特性难以被充分发挥。因此，用户态直接访问模式逐渐受到广泛关注。例如，在管理持久性内存时，应用程序通常将其存储空间通过内存映射机制导入用户态地址空间，而存储软件可以在用户态直接管理持久性内存设备。英特尔为此开发了PMDK（Persistent Memory Development Kit，持久性内存编程库），该编程库可以在用户态直接访问持久性内存空间，并向应用程序提供完整的存储服务。应用程序不再需要通过陷入到内核访问存储设备，访问延迟大幅降低。同样，DPDK（Data Plane Development Kit，数据平面编程库）提供了用户态网络I/O栈，并使用用户态轮询机制（polling）处理数据包。在收到数据包时，经DPDK重载的网卡驱动不会通过中断通知CPU，而是直接将数据包写入内存，从而节省了大量的CPU中断时间和内存复制时间。

2）*细粒度存储管理*。机械硬盘、固态硬盘等传统存储器件均为块设备，其最小访问粒度为扇区（通常为512B）或页（通常为4KB）。因此，传统存储系统常采用粗粒度的空间管理方式。然而，应用程序往往生成较多的小写，例如，文件系统元数据更新和键值存储系统索引结构更新的粒度通常仅为几个或数十个字节，这将造成严重的写放大问题。持久性内存可以按字节粒度进行寻址，针对持久性内存而设计的存储系统将精细化的存储管理作为其重要设计方式，这主要体现在以下两方面。首先，字节寻址特性可以帮助存储系统降低写放大问题。例如，加州大学圣地亚哥分校提出的 NOVA 文件系统[12] 将文件元数据组织为独立的日志结构，每次元数据修改仅需将更新内容追加到日志尾部即可，最大限度降低了元数据更新带来的写放大问题。其次，存储系统可以利用字节寻址特性对存储的数据进行紧密排布，从而更好地利用存储空间。例如，清华大学提出的 LSNVMM[13] 将持久性内存空间组织为一个大日志，所有更新的内容均追加至日志尾部，从而消除了传统空间管理方式带来的碎片问题。

3) **存储与网络协同设计**。传统的分布式存储系统均采用了模块化的软件设计理念，存储模块和网络传输模块通过函数调用进行交互。然而，随着 RDMA 等新型硬件技术的出现，存储与网络协同设计成为优化系统性能的重要手段。例如，在键值存储系统中，系统设计人员利用 RDMA 的远程直接访问特性进行远程数据查询，从而实现了在服务端不参与的情况下直接读取远端数据项[14-16]。再例如，近年来兴起的新型可编程网卡及可编程交换机具有一定的可编程能力和少量的存储空间，系统开发人员可以利用这些特性在交换机或网卡缓存部分热点数据[17-19]，并在网卡或交换机中增加额外的执行逻辑以重构分布式协议[20-22]。

1.2.3 关键问题与挑战

虽然研究人员已经对持久性内存存储系统展开了一定程

度的研究，但是，真实的持久性内存硬件设备出现时间较晚，相关软件生态的发展尚未成熟，存储系统的设计仍然面临以下关键问题和挑战。

存储软件开销高。由于持久性内存的访问延迟极低，因此高效的存储软件栈设计十分重要。例如，Linux4.2 版本开始支持直接访问模式（Direct Access，DAX）。该模式下的文件系统可以将持久性内存空间直接映射到用户态，从而移除了传统 DRAM 因页面缓存造成的冗余数据复制。一些专门为持久性内存而设计的文件系统还移除了设备驱动层、块设备层等，对存储栈进行了进一步精简。然而，将持久性内存文件系统部署在内核态依旧无法避免系统调用陷入内核产生的现场切换开销以及虚拟文件系统（Virtual File System，VFS）造成的软件开销。实验显示，单个文件操作在系统调用和VFS 层的执行时间占比平均可达 25%。

系统架构难扩展。新型持久性内存及 RDMA 网卡提供了极高的访问带宽，但是单个 CPU 核心还不足以达到硬件设备的峰值带宽。近年来，基于 NUMA（Non-Uniform Memory Access，非一致性内存访问）架构的多核服务器已经被广泛使用，同时，多核并行技术在近年来也逐渐得到关注，相应地，存储系统软件的多核扩展性亦成为重点的设计方向[12,23-24]。然而，操作系统作为一个已经迭代了数十年的产物，依旧存在大量的扩展性问题。例如，当多个线程在同一个目录下并发地创建文件时，VFS 会将该目录锁住，从而造成严重的扩展性问题。

硬件特性难感知。在存储器件方面，英特尔发布的傲腾持久性内存增加了一定容量的 DRAM 缓冲区以提升性能，新写入的数据将先被暂存到缓冲区，而多次写入的数据需要经过合并再以 256B 的粒度写入持久性内存介质中。因此，持久性内存的实际写入粒度高于其字节寻址粒度。然而，应用程序无法感知这一特性，往往因不对齐写或小写造成额外的写放大以及读后写开销。在 NUMA 架构下，持久性内存还存在严重的近远端访问不对称的问题。实验显示，多个线程并发写入远端持久性内存设备将导致总体性能急剧下降。在网络设备方面，RDMA 网卡采用了无内存架构，其片上缓存空间极为有限。在网络连接数量变多之后，连接信息将无法完全缓存在 RDMA 网卡中，从而出现严重的缓存争用现象，总体吞吐率将随着连接数量的增多而降低。因此，不合理的硬件使用方式不但不能充分发挥其性能优势，而且还会导致性能抖动、效率低下等问题。

吞吐延迟难兼顾。相比于外存设备和传统以太网，高速持久性内存和 RDMA 网络显著提升了系统的总体吞吐率，降低了延迟。然而，追求极致的吞吐率、延迟及扩展性则需要更加精巧的软件调度与权衡。例如，批量处理技术将多次网络或存储请求进行合并，从而降低对硬件设备的访问次数。该方法能够充分利用硬件设备的带宽。然而，批量操作势必会对先到达的请求进行延迟处理，响应延迟也会同步上升。

再例如，在数据中心中，客户端请求通常展现出"高扇出"的特性，因此，数据中心还会对各个服务器节点的尾延迟和吞吐率同时提出严苛的要求。系统开发人员在协调上述性能指标时将面临极大挑战。

1.3　研究内容与主要贡献

1.3.1　研究内容

围绕当前持久性内存存储系统面临的关键挑战，本书分别从操作系统、网络系统及存储软件等不同层次展开研究，从而实现高吞吐率、低延迟和高可扩展的性能目标。本书首先在操作系统层提出了用户态和内核态协同的持久性内存文件系统架构，支持用户态直接访问模式，并提供高可扩展性和内核级权限保护；其次，本书在网络系统层设计了可扩展的 RDMA 网络通信机制，为分布式内存存储系统的跨节点数据传输提供性能保障；最后，在存储软件层，本书分别分析了冲突请求对吞吐率和延迟的影响，提出了融合悲观锁和乐观读的新型并发控制协议，并充分考虑硬件特性，通过硬件之间协同工作，设计了高性能的持久性内存键值存储引擎。如图 1-3 所示，本书研究的具体内容如下。

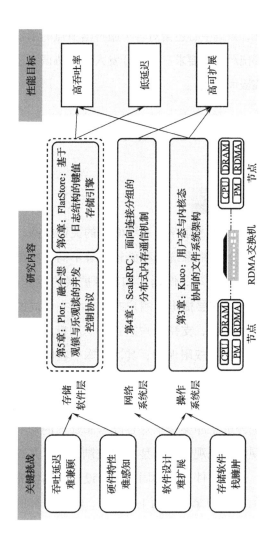

图1-3 本书主要研究内容与应对的关键挑战、性能目标逻辑关系图

1）针对存储软件开销高及系统架构难扩展的问题，研究新型持久性内存文件系统架构。传统文件系统部署在内核态，应用程序必须通过系统调用陷入内核访问文件数据，上述过程将在系统调用、虚拟文件系统等软件层造成额外开销。近年来，针对持久性内存设计的用户态文件系统可以支持应用程序在用户态直接访问持久性内存空间，但其需要引入第三方可信进程管理元数据，这种集中式的架构会加剧文件系统的扩展性问题。为此，本书提出一种用户态与内核态协同的文件系统架构，设计了协同索引、两级锁等协同处理逻辑。应用程序可以直接从持久性内存空间读写数据，内核态线程仅需执行十分轻量的工作。

2）针对 RDMA 在可靠模式下扩展性差的问题，研究基于连接分组的分布式内存通信机制。RDMA 网卡采用了无内存架构，其片上缓存容量极小，在客户端连接数量过多时，片上缓存无法容纳全部的连接信息，从而出现严重的性能下降问题。为此，本书提出一种可扩展远程过程调用原语，将客户端连接分入不同的组，服务端通过时间片轮询的方式依次服务各组，这种方式有效提升了网络连接的访问局部性，从而实现了对网卡缓存的更好利用。

3）针对事务系统在负载冲突时尾延迟高的问题，研究内存级事务系统的新型并发控制协议。在处理冲突请求时，悲观并发控制协议通过两阶段锁协调冲突事务，事务可以在较少次数内成功提交，从而保持较低的尾延迟，但其锁开销对吞吐率影响严重；相反，乐观并发控制默认冲突概率低，仅在执行失败后主动中止重做，频繁的中止重做会导致较高的尾延迟，但其轻量级的协议设计能够有效提升吞吐率。为此，本书提出一种融合悲观锁与乐观读的新型并发控制协议，该协议让事务在执行过程中对数据项提前加锁，但在遇到锁冲突时依旧可以直接读取数据项，而仅在提交阶段进行冲突检查，从而同时实现高吞吐率和低尾延迟。

4）针对持久性内存更新粒度与访问粒度不匹配带来的低效性问题，设计持久性内存友好的键值存储引擎。持久性内存虽然提供了字节寻址的内存访问接口，但其设备内部更新的粒度却高达 256B，这在处理小写请求时将出现严重的写放大和读后写问题。为此，本书设计了一种基于日志结构的持久性内存键值存储引擎，该引擎将键值存储系统划分为易失性索引结构和持久性存储两部分。数据项的存储位置根据其大小决定，其中，小键值对（key-value pair）存放在日志结构尾部，而大键值对则通过持久性内存分配器单独存放。进一步，多核流水线的批量处理机制将来自客户端的多次小写请求合并为一次大写，从而最大限度地降低了对持久性内存的写入开销。

1.3.2 主要贡献

与上述研究内容相对应，本书的主要贡献如下。

1）本书设计了用户态与内核态协同的持久性内存文件

系统架构 Kuco (Kernel-userspace collaboration)。该架构基于客户端-服务器处理模型，将文件系统划分为用户库和内核线程两部分。其中，用户库向应用程序提供标准化的文件访问接口，并与内核线程进行交互；内核线程则负责更新元数据及权限保护。Kuco 引入了协同索引、两级锁协议、版本读等协同处理技术，降低了内核线程的工作负载，有效提升了文件系统扩展性。实验表明，基于 Kuco 架构的持久性内存文件系统在处理高并发元数据操作时的扩展性相比于现有系统提升了 12 倍，在处理数据请求时，Kuco 的系统带宽与持久性内存的硬件带宽十分接近。

该研究成果[25] 于 2021 年发表至 CCFA 类会议——第 19 届 USENIX Symposium on File and Storage Technologies (FAST)。

2）本书设计了基于连接分组的 RDMA 分布式内存通信原语 ScaleRPC。ScaleRPC 基于可靠连接模式，将客户端连接进行分组服务。服务端在当前时间片仅服务一组客户端连接，从而有效避免了大量客户端请求同时争用网卡缓存，并最终提升了 RDMA 的可扩展性。为保证分组机制的高效性，ScaleRPC 还引入了基于优先级的调度器、虚拟映射和预热机制。实验表明，ScaleRPC 具有类似于不可靠连接模式的高可扩展性，同时还能保证数据的可靠传输。

该研究成果[26] 于 2019 年发表至 TH-CPLA (CCFB) 类会议——第 14 届 European System Conference (EuroSys)。

3）本书提出了内存级事务系统并发控制协议 Plor，将悲观锁和乐观读机制巧妙融合，在实现高吞吐率的同时显著降低了尾延迟。具体地讲，Plor 要求事务在执行过程中必须先锁定相应数据项，然后才能读取对应的数据项。在发生锁冲突时，Plor 允许事务忽视相应的冲突，仅在事务提交阶段再利用相应锁字段携带的信息进行冲突检测。通过这种设计，Plor 可有效降低锁定开销，同时还能保证事务按时间戳的顺序提交。实验表明，Plor 在处理标准事务、处理测试负载 YCSB 和 TPC-C 时，与最先进的乐观并发控制协议 SILO 的吞吐率十分接近，但将其 99.9%尾延迟降低了一个数量级。

该研究成果正投稿至 CCFA 类会议——第 48 届 International Conference on Management of Data（SIGMOD）。

4）本书设计了基于日志结构的持久性内存键值存储引擎 FlatStore。FlatStore 利用客户端网络请求的批量机会，通过日志结构的日志合并技术化解了存储系统更新粒度与持久性内存写入粒度不匹配的问题。该存储引擎仅将索引元数据和小键值对存储在日志结构中，从而最大限度发挥了批量操作带来的优势。同时，FlatStore 还引入了压缩日志格式和多核流水线调度的批量处理机制进一步提升批量效果，并降低客户端响应延迟。实验表明，FlatStore 的吞吐率相比于现有系统提升了 6.3 倍。

该研究成果[27] 于 2020 年发表至 CCFA 类会议——第 25 届 International Conference on Architectural Support for Programming Languages and Operating Systems（ASPLOS）。

1.4 本书组织结构

全书共 7 章, 第 2~7 章内容如下: 第 2 章介绍相关工作; 第 3 章介绍用户态与内核态协同的文件系统架构——Kuco; 第 4 章提出了一种可扩展分布式内存通信机制——ScaleRPC; 第 5 章介绍低尾延迟事务并发控制协议——Plor; 第 6 章介绍一种持久性内存键值存储引擎——FlatStore; 第 7 章描述了分布式持久性内存存储系统 TH-DPMS 的构建及系列关键技术, 进行了总结, 并展望了未来若干研究方向。

第 2 章

相关工作

　　本章将介绍本书涉及的研究背景及相关工作。其中，2.1 节将介绍在单节点环境下的持久性内存存储系统的相关研究工作，具体包括如何通过精简存储软件栈降低软件开销，从而充分发挥持久性内存的硬件性能；如何设计面向持久性内存的新型编程模型，从而方便编程者更好地使用持久性内存。2.2 节将介绍在分布式环境下如何通过 RDMA 网络重构分布式系统，具体包括如何通过 RDMA 的新型网络传输原语设计键值存储系统、事务系统等。2.3 节将介绍现有工作如何将 RDMA 和持久性内存结合起来构建高效的分布式持久性内存存储系统。

2.1　基于持久性内存的单机存储系统

　　现有的存储 I/O 栈均针对外存存储设备（如机械磁盘、固态硬盘等）而设计。由于外存设备相比于内存速度慢、延迟高，因此传统存储软件栈致力于提升外存存储设备的性能。例如，Linux 操作系统的存储栈自底向上分别包含设备驱动、块设备层、文件系统、虚拟文件系统、系统调用等层级，并且引入了元数据和数据缓存，最大化提升存储设备的访问效率。然而，如果将这些针对传统外存设备而设计的存储栈直接应用到内存级存储中，部分冗余的软件功能将引入极高的软件开销。针对以上问题，本节将分别介绍精简化的持久性内存存储栈设计和面向持久性内存的新型编程模型。

2.1.1 精简化的存储软件栈设计

在全球存储网络工业协会（Storage and Networking Industry Association，SNIA）定义的持久性内存软件标准中，操作系统增加了额外的 NVDIMM 驱动，对持久性内存的设备命名空间、访问模式等方面进行统一管理。近年来，研究者还重新设计了面向持久性内存的文件系统，从而进一步精简存储栈，实现了对持久性内存设备更好的管理。

内核态文件系统。目前，大多数持久性内存文件系统均在内核态实现。将文件系统实现在内核态可以继续保留基于系统调用的标准化访问模式，从而兼容现有的应用程序。这些文件系统的设计主要集中在新的一致性保障机制、降低软件开销、提升多核扩展性等方面。

1）减少一致性开销。微软研究院于 2009 年提出的持久性内存文件系统 BPFS[28] 旨在利用 PM 的字节寻址特性实现文件数据的原子性更新。BPFS 将持久性内存空间组织为树状结构，并通过写时复制机制（Copy-on-Write，CoW）实现数据的原子性更新。与传统写时复制方法的不同之处在于，BPFS 充分利用了 PM 字节可寻址的特性，以短路影子页（short-circuit shadow paging）方式提供数据的原子更新，从而降低了传统技术带来的级联更新开销。英特尔公司于 2014 年提出了直写持久性内存的 PMFS 文件系统[29]。由于 PM 能够保证 8B 数据的原子性更新，因此，PMFS 采用 8B 原地更新和细粒度日志机制保证元数据更新的原子性。由于文件数据的更新粒度更大，为此，PMFS 采用了 undo 日志和写时复制混合的方式保证数据的一致性。加州大学圣地亚哥分校将传统日志结构文件系统进行了重新设计和扩展，并研制出持久性内存文件系统 NOVA[12]。NOVA 将每个文件的 i 节点组织为一个日志⊖，修改单个 i 节点时可以直接将更新内容追加至日志尾部；重命名等操作涉及同时修改多个日志结构，为此，NOVA 还采用了轻量级日志技术保证这类操作的原子性。NOVA 更新数据时也采用了写时复制技术。

2）降低软件开销。在 PM 上，操作系统引入的页缓存将造成冗余的数据复制，严重影响性能。针对这一问题，Ext4、

⊖ i 节点（inode）是对文件进行控制和管理的一种数据结构，与各文件一一对应，并通过 i 节点号进行标识。

BtrFS 等传统文件系统均支持直接访问模式（direct access，DAX）。针对持久性内存重新设计的 PMFS、NOVA、BPFS 等文件系统则通过内存映射的方式绕开了文件系统页缓存。此外，得克萨斯大学奥斯汀分校于 2011 年提出了内外存融合管理的 SCMFS 文件系统[30]。SCMFS 文件系统通过页表映射方式使得文件系统中的文件具有连续的地址空间，通过这种数据组织，应用程序可以进行连续的数据块访问。VFS 除了管理数据页缓存，还会将频繁访问的元数据缓存在 DRAM 中以提升性能。然而，中科院计算所的研究人员发现，持久性内存文件系统在 VFS 层次的执行时间有相当一部分耗费在元数据的路径查询上。基于上述发现，该团队设计了 byVFS 文件系统[31]，并提出了元数据直接访问模式，即 VFS 不再缓存文件系统元数据。通过这种方法，byVFS 最高能够将路径查询性能提升至现有方法的 147.9%。

3）提升多核扩展性。在后摩尔时代，多核架构是处理器未来发展的方向。在多核场景下，如何设计可扩展的文件系统以充分利用持久性内存的高吞吐率特性变得至关重要。NOVA[12] 在改造传统日志式文件系统时，同时还考虑了其多核扩展性。NOVA 具有以下特点：首先，NOVA 将每个 i 节点组织为一个日志，从而避免了向单个日志并行追加日志项时难扩展的问题；其次，日志中仅记录元数据，而文件数据则单独通过写时复制机制进行管理，这有效降低了垃圾回收的额外开销；最后，NOVA 将空闲空间划分给不同 CPU 核，工作线程在申请空闲数据页时仅需从本地空闲空间申请，线程之间不会发生竞争。通过上述设计，NOVA 具有较高的扩展性。

用户态文件系统。如上文所述，VFS 所管理的页缓存、元数据缓存会造成额外的数据复制，这会限制持久性内存的性能。针对持久性内存专门设计的文件系统均不同程度地解决了这些问题。然而，VFS 还存在复杂的软件执行逻辑、粗粒度的锁管理等，应用程序执行系统调用陷入内核时还将造成额外的现场切换开销。因此，近年来研究人员提出直接将文件系统部署在用户态。

Aerie[32] 是威斯康星大学麦迪逊分校于 2014 年首次提出的用户态持久性内存文件系统，用于解决操作系统的低效性问题。Aerie 由 libFS、TFS 和持久性内存监控器三个模块构成。libFS 是一个用户态的客户端链接库，它能够直接在用户态执行元数据查询和数据读写。元数据是文件系统的核心数据，其完整性保护至关重要。基于此考虑，Aerie 将元数据的修改操作交由第三方的可信进程 TFS 完成。当应用程序需要修改元数据时（如 creat、unlink 等操作），libFS 向 TFS 发送元数据请求，然后由 TFS 完成元数据修改。除此之外，TFS 还通过一个分布式锁协调不同应用程序之间的并发操作。为了防止恶意程序随意篡改文件系统数据，Aerie 还引入了一个持久性内存监控器进行权限管理。得克萨斯大学奥斯汀分校于 2017 年提出的 Strata 文件系统[33] 同样实现了在用户态部署文件系统。Strata 由 libFS 和 KernelFS 两部分构成。Strata 为每个进程构建了一个日志空间，应用程序写入数据时，只需通过 libFS 将更新内容追加到当前进程的日志末尾即可。KernelFS 则在后台异步地将各进程日志中的数据进行整理合并，最终写入存储设备。

2.1.2 持久性内存编程模型

持久性内存具有单层的数据存储架构，应用程序可以直接在内存层次实现数据的持久性存储，这种新的存储架构避免了传统存储系统中将内存格式的数据序列化存储到外存的过程。为此，系统软件需要提供新的编程模型，帮助程序员像管理 DRAM 一样轻松地管理持久性内存，同时提供全面的功能支持。

编程模型。图 2-1 展示了 SNIA 提出的几种可能的持久性内存设备访问模式。Linux4.3 及更高的版本已经默认支持 NVDIMM 驱动，该驱动可以将持久性内存以设备的形式呈现给用户（例如/dev/pmem0）。应用程序可以直接打开上述设备，然后在裸设备上通过读写接口访问持久性内存空间；当然，程序员亦可在该设备上部署传统文件系统，然后通过标准文件接口访问持久性内存空间。值得注意的是，裸设备访问没有任何一致性保障，其存储的数据存在掉电丢失、不一致的风险，而通过传统文件系统访问则要忍受额外的软件开销，性能损耗比较严重。为此，SNIA 定义了一种全新的 I/O 通路，即通过专用的持久性内存文件系统管理持久性内存空间，然后以内存映射的方式将持久性内存空间导入用户地址空间，并使用持久性内存编程库（例如英特尔提出的 PMDK[34]）对其进行管理。PMDK 是目前较为流行的持久性内存用户态编程库，它在用户态提供了较为全面的功能支持，为开发人员开放了 libpmem、libpmemobj、libpmemblk、libpmemlog、libvmmalloc、libpmempool、librmem 等功能库，通过提供空间管理、空间分配等基础功能以解决实际的编程问题。

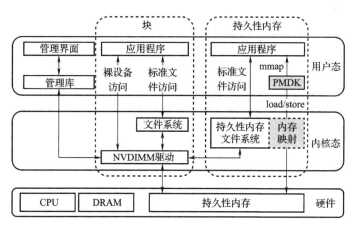

图 2-1　SNIA 编程模型

接口设计。持久性内存可字节寻址，从而呈现出与外存设备完全不同的访问形式。因此，设计持久性内存友好的访问接口至关重要。现有的面向持久性内存的访问接口主要有两大类：一类依旧沿用传统的访问接口，即通过文件系统、键值存储系统等管理持久性内存空间，并向应用程序提供文件、键值等接口抽象，应用程序可以在不修改源码的情况下轻松移植到持久性内存上；另一类打破了传统的访问模式，提供全新的编程接口。在新型编程接口中，目前讨论最广泛的访问方式是面向持久性内存而设计的事务接口。

如算法2-1所示，PMDK提供了基于撤回日志模式的一套事务接口，上层应用可以利用这些接口安全高效地完成持久性内存上的更新操作。例如，程序员通过TX_NEW申请一块内存区域，并通过D_RW接口找到这个指针对应的PM地址。通过事务机制，PMDK能保证TX_BEGIN和TX_END之间代码的原子性和一致性。

算法2-1 PMDK的事务接口

1：TX_BEGIN(pop)｛
2：   entry⇐TX_NEW(struct hash_entry);
3：   D_RW(entry)->key⇐key;
4：   D_RW(entry)->value⇐value;
5：｝TX_END

2.1.3 小结

近十年来，系统研究人员针对持久性内存的硬件特性，对操作系统各层次进行了改造，并重新设计了精简化的存储栈以降低传统存储软件造成的性能开销。针对持久性内存的字节寻址特性，研究人员还构建了持久性内存新型编程模型，应用程序可以直接将数据以内存格式存放在持久性内存中，无须再将其转换为文件格式，避免了数据序列化和反序列化过程造成的开销。然而，现有的研究成果依旧面临以下难题：①基于内核文件系统的存储栈要求应用程序通过系统调用陷入内核并执行 VFS 逻辑，该过程造成的软件开销依旧难以忽视；用户态文件系统虽然可以避免上述软件开销，但是其扩展性及安全性问题难以得到较好的解决。②近年来提出的新型编程模型均采用绕过操作系统的方式进行自底向上优化，各种方案差异大，存在彼此不兼容、效率低等问题，并缺乏对分布式环境的支持，很难被大规模部署到数据中心。

2.2　基于 RDMA 的分布式系统

近年来，RDMA 作为一种新型跨网数据传输技术逐渐从高性能计算走进大数据领域，并受到广泛关注。RDMA 技术能够在远端 CPU 不参与的情况下直接访问远端内存，实现零复制的数据传输。然而，简单地将分布式存储系统中的网络传输模块替换为 RDMA 通信模式而不优化上层软件逻辑，并不能充分发挥 RDMA 网络的硬件优势。为此，研究人员在近年来探索了如何使用 RDMA 技术加速键值存储系统、事务处理系统等。

2.2.1 基于 RDMA 的键值存储系统

在传统键值存储系统中，数据的存储与查询均由服务端完成。客户端访问键值存储服务器时，首先向服务端发送 RPC（Remote Procedure Call，远程程序调用）请求，服务端接收到请求后执行相应处理，并将处理结果返回给客户端。由于键值存储系统逻辑简单，并且 RDMA 可以直接访问远端内存数据，因此，分布式键值存储系统中的数据查询可以通过 RDMA 技术远程实现，而无须服务端 CPU 介入。

Pilaf[14] 是纽约大学于 2013 年提出的一个内存级分布式键值存储系统，其借助 RDMA 单边读写原语有效降低了服务端 CPU 开销。Pilaf 在处理 get 请求时，利用 RDMA 内存语义低延迟的特性，通过客户端多次发起 RDMA 单边读原语完成数据查询，从而将数据索引逻辑从服务端卸载到客户端。由于 put 操作需要更新索引结构和键值对，在多客户端并发访问场景下会出现访问冲突，因此 Pilaf 在处理这类操作时依旧使用传统的 RPC 模式。另外，如果客户端读取的键值对正被服务端修改，则会发生脏读现象，因此还需要额外的方法解决读写冲突。Pilaf 引入了自校验机制来解决这一问题，具体方法是在每一个键值对的尾部存放一个校验值，客户端在读取数据项的时候一并将校验值读取到本地，并检查数据项的校验值与读取的校验值是否一致，从而在客户端就能完成数据项的一致性检查。

HERD[35] 是卡内基-梅隆大学提出的另一种基于 RDMA 的键值存储系统。HERD 广泛测试了 RDMA 各类原语的性能差异，指出了 Pilaf 在处理 get 请求时会多次引入网络请求的问题。为此，HERD 设计了基于 RDMA 的高性能 RPC 系统，其请求发送基于 RDMA 单边写原语，而请求返回则基于不可靠 send 原语。HERD 中的所有操作依旧通过服务端处理，每次键值处理操作均只引入一次网络交互。IBM 提出的 HydraDB[36] 是一种通用性中间件，可作为系统缓存层或独立的键值存储层，并提供数据复制功能，提升系统可用性；该团队还进一步设计了 C-Hint[37] 系统，通过客户端与服务端的协同设计提升了键值缓存系统的命中率。清华大学提出的 RFP[38] 观察到 RDMA 原语具有入站与出站性能不对称问题，提出了客户端主动执行消息发送和接受的新型 I/O 机制。Nessie[39] 配合使用了 RDMA 单边读、写及原子操作原语将 KV 执行逻辑完全卸载至客户端，从而避免了服务端 CPU 参与存储服务。FaRM[15] 与 Pilaf 类似，但其将键值存储系统构建在具有事务接口的分布式共享内存处理平台上，该系统将在后文中详细介绍。表 2-1 对上述系统进行了详细对比。

表 2-1 基于 RDMA 的不同键值存储系统实现细节对比

系统名称	get 发送	get 返回	put 发送	put 返回	缓存	复制	事务
Pilaf[14]	read	read	send	recv	不支持	不支持	不支持
HERD[35]	UC write	UD send	UC write	UD send	不支持	不支持	不支持
HydraDB[36]	read	read	write	write	不支持	支持	不支持
RFP[38]	write	read	write	read	不支持	不支持	不支持
C-Hint[37]	read	read	write	write	支持	不支持	不支持
FaRM[15]	read	read	write	write	不支持	支持	支持
Nessie[39]	read	read	write+CAS	write+CAS	不支持	支持	支持

2.2.2 基于 RDMA 的事务系统

RDMA 具有缓存强一致性，即网卡传入的最新数据总能及时被 CPU 读取到，且 CPU 更新的数据也总对网卡可见。RDMA 还提供了 compare_and_swap 和 fetch_and_add 两种原子操作，它们可以并发更新同一内存地址上的 64 比特值并保证原子性。RDMA 的上述特性正好可以很好地被应用到分布式事务系统中。

DrTM[40] 是上海交通大学于 2015 年提出的一种分布式事务系统。DrTM 巧妙地结合了 RDMA 和硬件事务内存（Hardware Transactional Memory，HTM），并利用二者之间的强一致性设计了一套高效的分布式事务协议。由于 RDMA 的远程冲突访问将造成被事务内存保护的执行单元中止，因此 DrTM 利用了这一特性设计了并发控制协议。DrTM 首先通过 RDMA 单边读原语将存储在远端的读写集搜集到本地，然后通过硬件事务内存执行事务逻辑，最后使用 RDMA 单边写原语将更新过的数据写回到远端。更进一步，该团队还发现事务执行不同阶段的逻辑可以使用 RDMA 的不同原语执行，并提出了各类原语混合使用的高性能事务系统 DrTM-H[41]。FaRM[15,42] 是微软研究院于 2014 年提出的一个基于 RDMA 的分布式内存计算平台。FaRM 提供基于分布式事务的共享内存读写接口，其基于 RDMA 的单边读写原语实现了乐观锁及两阶段提交协议，从而保证事务执行的原子性和可序列化性。卡内基－梅隆大学于 2016 年提出的分布式事务协议 FaSST[43] 侧重考虑 RDMA 网络的扩展性对事务执行造成的影响。实验显示，不可靠模式下的收发原语扩展性极高。为此，该团队提出了基于 UD 模式的 RPC 协议，并基于 FaRM 的并发控制协议实现了一套分布式事务系统，其性能远高于 DrTM 和 FaRM。

2.2.3 小结

RDMA 高吞吐率、低延迟的性能特性及单边读写原语的语义特性为构建分布式存储系统带来了新的机遇。研究者们广泛探索了如何通过 RDMA 技术重构 I/O 路径及分布式协议，在降低处理器开销的同时还能提升系统性能。然而，RDMA 网卡采用了无内存架构，其有限的缓存资源会导致系统出现严重的扩展性问题。例如，随着客户端连接数量的增多，服务端总体吞吐率将会下降，这是因为网卡缓存无法存储所有的连接信息，从而出现了缓存争用现象。近年来，新一代网卡对片上缓存进行了扩容，但也仅能将连接数量扩展到数千个，在这之后其性能依旧会下降。另外，一些研究人员建议使用不可靠连接，避免网卡缓存大量的连接信息。然而，不可靠连接不支持单边原语，其语义特性无法得到有效利用。综上所述，如何在使用可靠连接及单边原语的前提下提供高可扩展性是亟待解决的问题。

2.3 分布式持久性内存存储系统

持久性内存和 RDMA 技术分别从存储和网络两个方面提供了高带宽和低延迟的硬件支撑，这为构建高性能分布式存储系统创造了可能性。为此，研究人员分别从分布式持久性内存的抽象模式及远程数据访问的 I/O 路径优化等方面展开了研究。

2.3.1 访问模式抽象

分布式持久性共享内存。清华大学团队在国际上首次提出了分布式持久性共享内存的概念并构建了基于该共享内存的分布式持久性内存文件系统 Octopus[16]。分布式持久性共享内存将集群中各存储节点的持久性内存设备通过 RDMA 网络进行互连，并构建全局统一的地址空间，客户端可以直接通过上述地址空间远程读写数据，从而降低了数据在跨节点传输过程中的冗余复制，提供了接近硬件设备的访问带宽。普渡大学提出的 Hotpot[44] 同样采用了分布式持久性共享内存的抽象模式，但进一步通过多副本技术拓展了其容灾能力，并针对"多读单写"和"多读多写"场景设计了基于 RDMA 的新型复制协议，从而实现了多个副本之间的高效一致性管理。

分布式文件系统。Octopus[16] 基于上述分布式持久性共享内存构建了分布式持久性内存文件系统。传统分布式文件系统一般通过两种方式管理元数据：一种方式是集中式管理，即将所有元数据存放在单个服务器上（例如 GFS[45] 等），但这种方法在集群规模较大的情况下扩展性问题比较严重；另一种方式是将文件目录树进行分割，存放到不同的服务器中（例如 CephFS[46] 等），这种方式一定程度上解决了扩展性问题，但在处理热点负载时仍面临负载不均衡问题。与上述两种方式不同，Octopus 采用了基于哈希的方式，通过计算全路径的哈希值将元数据均匀分布到不同的元数据服务器上，从而实现较高的扩展性。由于数据访问的粒度通常较大，因此 Octopus 允许客户端直接从分布式持久性共享内存空间中读写文件数据。元数据对安全性要求相对较高，因此，Octopus 要求客户端将元数据访问请求通过 RPC 请求发送至服务端，并由服务端处理元数据操作。Orion[47] 是加州大学圣地亚哥分校提出的另一个分布式持久性内存文件系统，该系统将文件系统构建在 Linux 内核态，提供了标准化的文件访问接口，可以无缝兼容现有的应用程序。Orion 还支持在客户端缓存频繁访问的元数据，并将日志结构与 RD-MA 单边写原语结合，实现了高效的数据一致性机制。

2.3.2 I/O 路径优化

由于 RDMA 在更新远端持久性内存的时候无法保证数据能够立即被持久化，因此，存储软件还需发起额外的 RDMA 读请求，或让远端 CPU 介入，对新写入的数据进行持久化，该过程将造成额外的网络或 CPU 开销。为此，普渡大学研究发现，将数据通过多副本的方式备份到多个节点引入的开销甚至小于将数据进行持久化的开销。基于这一发现，该团队提出了 Mojim[48] 系统，其采用了主层加辅层的双层架构。其中，主层包含一个主节点和一个镜像节点，辅层包含一到多个备份节点。Mojim 支持不同的持久化级别，写入的数据可以同步或异步更新到主节点、镜像节点及备份节点，从而同时实现高可用性及高性能。Octopus 还发现，在并行传输文件数据时，服务端处理器如果频繁介入数据传输过程则会成为性能瓶颈，因此，Octopus 提出了客户端主动式 I/O 模型，该模型允许客户端主动从共享内存中读取或写入数据。加州大学圣地亚哥分校研究团队还发现，持久性内存的文件管理模式与 RDMA 技术中的注册内存区之间存在巨大的语义隔离，RDMA 无法直接从持久性内存文件系统的文件中读写文件。为此，该团队提出了 FileMR 系统[49]，将文件系统与网络协议栈之间完全打通，应用程序可以通过 RDMA 直接读写远端文件数据。

2.3.3　小结

目前，分布式持久性内存的研究主要包括如何将持久性内存及 RDMA 结合起来构建分布式存储系统。然而，这些方案通常针对专用场景（例如，Orion 实现在 Linux 内核态，难以对其功能进行扩展；FileMR 需要对操作系统及网卡固件进行修改），缺乏通用性的解决方案。

第 3 章

Kuco：用户态与内核态协同的文件系统架构

3.1　概述

在过去十年，系统社区提出了一系列面向持久性内存的文件系统，例如 BPFS[28]、NOVA[12]、PMFS[29] 等。这些文件系统致力于降低系统软件层次带来的开销，进而充分发挥持久性内存的性能优势。然而，这些文件系统依旧沿用了传统 Linux 内核的架构，将文件系统实现在内核态 VFS 中，而用户态应用软件需要通过系统调用接口陷入到内核访问文件系统存储的数据。实验发现，陷入内核引发的切换开销以及 VFS 本身的软件开销依旧不可忽视。因此，一部分研究人员提出将文件系统直接部署在用户态，从而让应用程序能够在用户态直接访问文件数据。

然而，上述内核态和用户态文件系统在关注软件开销的同时，却忽视了多核扩展性这一重要性能指标。目前的服务器平台配备的 CPU 均为多核架构，包含数十个甚至上百个物理核，并且 CPU 可通过多个通道并行访问持久性内存。因此，如何提升文件系统的多核扩展性成为亟待解决的问题。NOVA 是一个内核态文件系统，曾试图解决上述扩展性问题。NOVA 将内部数据结构切分给不同的物理核以避免获取全局锁，进而提升多核扩展性。然而，NOVA 需要继承 VFS 提供的统一抽象，这使得 NOVA 难以绕过 VFS 中的粗粒度锁，因此，NOVA 在某些场景下的扩展性依旧不好。用户态文件系统可以直接绕过 VFS 层，但通常会引入一个第三方的中心化服务程序，这种设计方案反而会使扩展性问题进一步恶化。例如，Aerie[32] 引入了一个第三方可信进程来管理文件系统元数据，应用程序需要通过昂贵的进程间通信与该进程进行交互，然后由该进程代为更新元数据。Strata[33] 为每个用户进程配备了一个操作日志，应用程序可以直接将本地的元数据或数据更新追加到日志尾部，从而避免与中心化服务程序交互。为避免操作日志增长过大，Strata 还是需要通过一个后台线程将日志中的更新内容执行到原地，这将导致数据的额外一次复制。因此，在高并发场景下，这些中心化的模块将成为性能瓶颈。

本章重新思考了文件系统的架构，并提出一种用户态与内核态协同的文件系统架构 Kuco，该架构可同时提供极高的性能和扩展性。Kuco 基于生产者-消费者模型，包含了两个核心组件，分别是用户库 Ulib 和内核线程 Kfs。Ulib 向应用程序提供标准化的文件访问接口，而 Kfs 则用于处理来自用户态的请求，并执行关键数据（例如元数据）的更新。

Kuco 的架构设计受分布式文件系统设计思想的启发。例如，AFS[50] 会通过降低服务端负载、减少客户端与服务端的交互次数等技术提升扩展性。Kuco 正是基于这一设计思想，重新考虑了如何在 Ulib 和 Kfs 之间进行任务分工及协同，进而避免 Kfs 成为性能瓶颈。在元数据扩展性方面，Kuco 引入协同索引机制，允许 Ulib 在向 Kfs 发起元数据更新请求之前先在用户态查询相关元数据项的地址信息，并将这些地址顺带发给 Kfs；根据这些地址信息，Kfs 可以直接更新元数据，而无须进行迭代查询。在数据访问扩展性方面，Kuco 首先引入一种两级锁机制，在第一级锁中，Kfs 维护了一组租约用于序列化来自不同进程的并发写请求；第二级锁为一个用户态范围锁，用于协调同一进程中不同线程的并发写请求。另外，Kuco 还引入一种版本读协议，保证应用程序在并发写请求同时存在的情况下依旧可以读取一致的文件数据，而全程无须 Kfs 参与。

Kuco 还引入了一系列技术保证用户态直接访问的安全性，同时提升其性能。Kuco 将文件系统镜像以只读的形式映射到用户态，这样，有错误的程序不会因为不小心使用错误的指针而意外破坏文件系统镜像[一]。为了在只读地址空间里实现用户态直接写入，Kuco 提出了一种三阶段写协议，使得应用程序在写入数据之前，相应的页表权限位被修改为可写。为降低 Ulib 与 Kfs 之间的交互次数，Kuco 允许应用程序预留更多的空闲数据页。

基于 Kuco 架构，本章进一步实现了一种持久性内存文件系统 KucoFS，它具有高性能、高可扩展等特点。相关实验测试了 KucoFS 的性能在基准测试程序及真实应用中的性能。实验表明，KucoFS 的性能在冲突负载下比现有文件系统提升 1 个数量级。在数据 I/O 方面，KucoFS 可提供接近持久性内存硬件性能的读写带宽。本章的主要贡献归纳如下：

①对现有持久性内存文件系统进行了深度分析，并总结了它们在软件开销、扩展性等方面的问题。

②提出一种用户态和内核态协同的文件系统架构 Kuco，并引入协同索引、两级锁、版本读等多种机制提升文件系统的扩展性。

③基于 Kuco 实现了一个持久性内存文件系统 KucoFS。实验显示，KucoFS 相比现有系统，可将元数据性能提升 1 个数量级，读写操作可达到硬件读写带宽。

――――――――――

⊖　因指针误用而导致的写入错误亦被称作流浪写（stray writes）。

3.2　研究动机

过去十年里，研究人员提出了一系列持久性内存文件系统，例如 BPFS[28]、SCMFS[30]、PMFS[29]、HiNFS[51-52]、NOVA[12]、Aerie[32]、Strata[33]、SplitFS[53]、ZoFS[54] 等，这些文件系统大致可以分为以下几类。**内核态文件系统**：应用程序在访问此类文件系统时需要先陷入内核，如 BPFS、SCMFS、PMFS、HiNFS、NOVA 等。**用户态文件系统**：应用程序可以直接在用户态访问文件数据，例如 Aerie、Strata 和 ZoFS。其中，Aerie 依赖第三方可信进程管理元数据，并协调并发控制；Strata 则允许应用程序将更新内容直接追加到本地操作日志，然后通过后台线程异步地将更新内容写回到文件系统镜像；ZoFS 通过英特尔处理器的内存保护秘钥（Memory Protection Key，MPK）保证用户态文件系统的安全。同时，这些内存文件系统也需要操作系统在空间分配、权限保护等方面提供粗粒度的支持。**混合态文件系统**：SplitFS 和本章提出的 Kuco 均为混合态文件系统，同时存在于内核态与用户态。其中，SplitFS 将文件系统的处理逻辑在用户态和内核态进行了粗粒度的划分，例如，它在用户态直接执行数据 I/O，而通过一个现有的内核态文件系统管理元数据。表 3-1 针对现有的持久性内存文件系统以及它们在不同方面的具体表现做出了一个全面的概括，下文将进行详细分析。

表 3-1　不同持久性内存文件系统的详细对比

文件系统名称		NOVA	Aerie/Strata	ZoFS	SplitFS	Kuco
类型		内核态	用户态	用户态	混合态	混合态
扩展性	元数据	中等 (3.5.2.1 节)	低 (3.5.2.1 节)	中等 (文献 [54] 的图 7g)	低 (3.5.2.1 节)	高 (3.5.2.1 节)
	读操作	中等 (3.5.2.2 节)	低 (3.5.2.2 节)	高	低 (Ext4 的日志)	高 (3.5.2.2 节)
	写操作	中等 (3.5.2.3 节)	低 (3.5.2.3 节)	中等 (文献 [54] 图 7f)		高 (3.5.2.3 节)
软件开销		高	低	中等 (sigsetjump)	中等 (元数据)	低
其他方面	避免流浪写	√	×		×	√
	读保护方法	POSIX	子树	子树	POSIX	子树
	硬件需求	无	无	MPK	无	无

多核扩展性。NOVA 是基于持久性内存设计的最为优秀的内核文件系统之一，它给每个 CPU 核分配了独立的空闲空间，并给每个 i 节点指派了独立的日志，从而充分提升其扩展性。然而，NOVA 实现在 VFS 之下，一些操作仍然难以扩展。为了理解这一问题，实验将 NOVA 部署在英特尔傲腾持久性内存设备上（3.5.1 小节有更详细的实验设置描述），并使用多个线程在同一目录中创建、删除或重命名文件。如图 3-1a 所示，随着线程数量的增加，各类操作的吞吐率几乎没有变化，这是因为 VFS 在执行每个操作之前需要先锁定父目录，从而影响其扩展性。Aerie 依靠集中式的可信进程 TFS 来处理元数据操作并协调冲突请求。尽管 Aerie 通过批量优化机制减少了与 TFS 的通信次数，但是在 3.5 节中的评估显示，高并发场景下 TFS 仍旧还存在性能瓶颈。在 Strata 中，后台线程 KernFS 需要异步地将日志中的数据和元数据进行清理。如果日志空间已满，那么应用程序必须等待清理过程完成之后才能继续执行。因此，后台线程的清理速度限制了 Strata 的整体扩展性。Aerie 和 Strata 均通过昂贵的进程间通信（Inter-Process Communication，IPC）与第三方进程（TFS 或 KernFS）进行交互，这还会带来额外的系统调用开销。ZoFS 不需要集中式的组件进行协调，可实现更高的扩展性。但是，当 ZoFS 执行需要分配新空间的操作（例如创建、追加等）时，它需要频繁地向内核发送分配请求，仍然会出现扩展性问题（参考 ZoFS 原文图 7d、图 7f 和图 7g[54]）。SplitFS 的数据和元数据操作扩展性都很差，这主要是因为它不支持在进程之间共享文件，并且依靠内核态 Ext4 文件系统管理元数据，从而造成额外的全局锁开销。

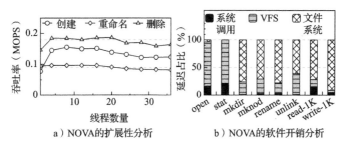

图 3-1 NOVA 文件系统性能分析

软件开销。将文件系统放在内核态主要存在两方面的软件开销，即系统调用和 VFS 开销。本实验继续通过 NOVA 来分析以上两类开销，具体方法是通过单个线程执行 100 万次文件或目录操作，并收集文件系统操作在各层次的执行延迟占比。从图 3-1b 中可以观察出两个现象：首先，系统调用最多可占用总执行时间的 21%（例如 stat、open 等操作）。另外，在进程陷入内核之后，操作系统可能会先将当前物理核调度到其他任务，然后再将控制权返回到原始任务。因此，系统调用还会给延迟敏感的业务带来更多的延迟不确定性[55-56]。其次，Linux 内核文件系统均需继承 VFS 的通用抽象，而 VFS 会导致不可忽略的软件开销。尽管最近提出的持

久性内存文件系统[12,28-29,31,51-52,57] 使用 DAX 模式绕过了 VFS
中的页缓存，但实验发现仍然有大约 34% 的时间花费在 VFS
层。ZoFS 是一种在用户空间实现的文件系统，但它也会产生
额外的软件开销，这是因为 ZoFS 允许用户空间应用程序直
接更新元数据，所以需要额外的机制保证应用程序能够稳定
运行。例如，某应用程序一旦访问到一段遭到破坏的元数
据，会因为访问非法指针而退出执行。为避免上述意外中止现
象发生，ZoFS 在每个系统调用的开始处调用了 sigsetjump
指令，从而能够从错误处返回到原执行点，然而，该指令会
导致近 200ns 的延迟。SplitFS 需要内核文件系统来处理元数
据操作，因此也一定程度上引入了内核态软件开销。

其他方面。首先，指针误用可能导致应用程序在文件系
统中写入错误的数据[29]。Strata 将操作日志和 DRAM 缓存
（包括元数据和数据）暴露给用户空间的应用程序，而 Aerie
和 SplitFS 直接将文件系统的一部分空间映射到了用户空间。
因此，错误程序很容易损坏这些区域中的数据。更为糟糕的
是，即使系统重新启动后，这些损坏的数据也始终存在。其
次，ZoFS 严重依赖于 MPK 机制，如果应用程序也需要使用
MPK，那么它们可能会争夺有限的 MPK 资源。

综上所述，现有的文件系统架构很难同时实现高可扩展
性和低软件开销，因此，本章引入了一种基于内核态和用户
态协同的新型文件系统架构 Kuco。

3.3 Kuco 总体设计

本章将介绍 Kuco 架构的总体设计，Kuco 采用了客户端－服务器处理模型，其核心思想是在客户端和服务器之间进行细粒度的任务划分和协同工作，并将其中大多数负载都卸载至客户端，以避免服务器成为瓶颈。

3.3.1 总体架构概述

图 3-2 展示了 Kuco 的总体架构，Kuco 包括用户库（Ulib）和全局内核线程（Kfs）两个部分。应用程序可以通过链接到 Ulib 来访问 Kuco，而 Ulib 与 Kfs 之间通过共享内存消息池进行交互。与现有的用户空间文件系统一样，Kuco 通过将持久性内存空间映射到用户空间来支持直接读写访问。为了防止文件系统元数据遭到破坏，Kuco 不允许应用程序直接更新元数据，而是将此类请求发送到 Kfs，然后由 Kfs 更新元数据。

Kuco 通过在 Ulib 与 Kfs 之间进行细粒度的任务划分以及协同工作提升扩展性。为了提升元数据扩展性，Kuco 引入了协同索引机制，将路径解析工作从 Kfs 卸载到用户空间（3.3.2 节）。具体地，Ulib 向 Kfs 发送元数据操作（例如，创建或删除）之前，先在用户态查询所有相关元数据项，然后将它们的内存地址封装到发给 Kfs 的请求中。通过这种设计，Kfs 可以使用给定的地址直接进行元数据修改。为了提升数据 I/O 的扩展性，Kuco 引入了两级锁机制来处理对共享文件的并发写入（3.3.3 节）。首先，Kfs 使用基于租约的分布式锁来解决不同应用程序（或进程）之间的写入冲突。来自同一进程的并发写入则使用一个用户态范围锁进行协调，该过程无须 Kfs 介入。Kuco 进一步引入了版本读技术，并在数据块映射表（用于将逻辑文件数据映射到物理 PM 地址）中添加额外的版本信息。通过查验这些版本信息，读者可以在写操作并存的情况下读取一致版本的数据块，并且全程无须与 Kfs 进行任何交互。

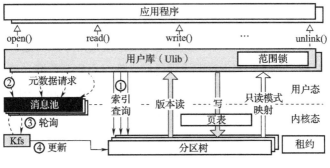

图 3-2　Kuco 总体架构

为了防止有错误的程序破坏文件数据，Kuco 将持久性内存空间以只读模式映射到用户空间。然而，用户态程序无法在只读地址空间上进行直写操作，因此 Kuco 还引入了三阶段写协议（3.3.4 节）。具体地，Kuco 将 Kfs 放置在内核空间，在 Ulib 写数据之前，Kfs 首先修改页表中的权限位，将写操作涉及的数据页从只读切换为可写。为了进一步降低写操作过程中 Ulib 与 Kfs 之间的交互次数，Kuco 引入了预分配机制，即 Ulib 可以从 Kfs 中分配比实际更多的空闲页面。在读保护方面，Kuco 将持久性内存空间划分为不同的分区树，这些分区树充当读保护的最小单元。基于 Kuco，本章进一步实现了持久性内存文件系统 KucoFS，KucoFS 通过用户态直接访问提供了高性能和高可扩展性，同时还具有内核级别的安全性保障。

3.3.2　协同索引

在基于客户端-服务器处理模型的文件系统中，若通过 Kfs 进行路径解析，则每当 Kfs 接收到元数据请求时，它都需要从根目录迭代查询直至找到目标文件对应的元数据（例如用于描述文件属性的 i 节点，以及用于将文件名映射到 i 节点编号的目录项）。当文件夹包含大量子文件或文件目录层数过深时，上述路径名解析过程将占用 Kfs 大量的执行时间，影响其扩展性。

为应对这一问题，Kuco 提出了将路径名解析任务从 Kfs 卸载至 Ulib 的设计思想。由于 Kuco 将存储空间直接映射到了用户空间，因此 Ulib 可以在用户态查询相关的元数据项，然后将元数据地址封装到请求中并发送至 Kfs。通过这种方法，Kfs 可以根据请求中携带的地址信息直接更新元数据，而无须重新解析路径名。

图 3-3 显示了 Kuco 如何创建路径名为 "/Bob/a" 的文件。具体地，Ulib 首先在 "Bob" 对应的目录项列表中找到文件 "a" 的前向节点（①），然后将第一步中查询的地址放入创建文件的请求中并发送至 Kfs（②）。Kfs 在收到请求后便开始创建文件（③和④），具体包括创建该文件的 i 节点，然后根据请求中携带的地址信息在其后插入一个新的目录项，将文件名映射到 i 节点，使得创建的文件全局可见。删除文件应同时删除该文件的 i 节点和父目录中的目录项。在 Ulib 发送删除请求之前，上述两种元数据的地址都应存放在请求中。默认情况下，Kuco 会禁用访问时间（atime）属性，因此，用户态程序在执行只读操作（例如 stat、readdir）时无须再向 Kfs 发送额外的请求来修改 atime。

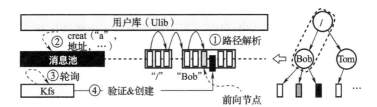

图 3-3　协同索引工作原理

在服务器-客户端处理模型下，Kuco 只允许用户态和内核态 "单向" 地共享指针，即 Ulib 传入的指针被 Kfs 访问。这种指针共享的安全性及正确性更加容易被保证。一方面，

Ulib 只能传递目录项和 i 节点两种类型的元数据地址。因此，一旦 Kfs 发现传入的地址未指向这类元数据，便可判定该地址无效。另一方面，Kfs 还会根据文件系统的内部逻辑进一步执行一致性检查。

首先，Ulib 可能会读取到不一致的目录树。例如，当 Kfs 在当前目录中创建新文件时，并行执行的 Ulib 可能会在该目录中读取到不一致的目录项列表。为了解决这一问题，Kuco 使用跳表（skip list）[58] 组织各目录的目录项列表，其中各目录项通过对应文件名的哈希值进行索引。跳表具有多层链式结构，较高的链表充当较低层的"快速通道"，从而实现数据的快速查找。当插入或删除链表中的元素时，Kfs 通过执行一系列有序的原子操作来实现无锁化原子更新。此外，Kfs 仅对列表执行插入和删除操作，不存在原地更新操作；重命名亦然，即首先插入新节点，然后删除旧节点。通过这种组织方式，Ulib 可以在不加锁的情况下也能读取到一致的文件目录树。

其次，采用上述无锁化设计，用户空间应用程序还可能会读取到 Kfs 已经删除的元数据项，从而出现"删除后读取"的异常现象。为了安全地回收已经删除的元数据项，Kuco 需要确保它们被回收后不再有其他线程访问。Kuco 使用基于 epoch 的回收机制来解决此问题[59]。具体地，Kuco 维护 1 个全局 epoch 变量和 3 个回收队列，工作线程的执行过程通过 epoch 划分为不同阶段，3 个回收队列分别对应执行过程中的最后 3 个 epoch 区间；在全局 epoch 为 e 时，删除的内存块均存放到与 e 对应的回收队列中。另外，每个 Ulib 还拥有一个私有 epoch 变量，当 Ulib 开始执行一个新的文件系统操作时，首先读取全局的 epoch 值，并将其赋值到本地 epoch 变量；然后，收集其他线程的私有 epoch，如果所有 Ulib 均活跃于 e，则对全局 epoch 加 1，从而开始新的 epoch 阶段。此时可以断定所有线程要么活跃在 e，要么活跃在 $e+1$，因而 Ulib 可以安全地回收与 $e-1$ 相对应的回收队列中的内存空间。另外，Kuco 还在每个 i 节点和目录项中添加了一个脏标识字段，Kfs 可以将元数据项的脏标识字段设置为无效状态来删除元数据项，从而阻止应用程序读取已经删除的项。

最后，协同索引机制还可能导致目录项列表乱序。例如，预先被 Ulib 查询到的目录项可能在被 Kfs 访问之前被其他并发程序删除，或者并行的应用程序在该目录项和目标文件之间插入了新的目录项；此时，预先查询的目录项已经不再是目标文件的直接前向节点，如果 Kfs 依旧使用这个地址，将导致目录项列表乱序。另外，恶意进程还可能通过提供随意的地址来攻击 Kfs。为了维护正确的顺序，Kfs 需要额外比较元数据内部的字段来验证预先查询的元数据的合法性（例如，检查目录项是否仍然是目标文件的前向节点，以及避免创建具有相同名称的文件等）。当验证失败时，Kfs 需要重新查询元数据并完成相关请求。

协同索引的语义保障。首先，Kuco 能够有效确保所有元数据操作的原子性。在处理 creat 操作时，Kfs 只有在创建 i 节点之后才在父目录中插入新的目录项，这使得创建的文件从不可见状态原子地切换到可见状态。在删除文件时，Kfs 需要在删除其他数据项之前首先删除目录项。重命名涉及同时更新两个目录项，即在目标路径中创建一个新目录项，然后删除旧的目录项，因此用户态程序可能在某个时间点在不同的位置看到两个相同的文件。Kuco 利用在目录项中的脏标识位来避免这种不一致状态。具体方法如下：在创建新文件对应目录项之前，Kuco 首先将源路径上的目录项设置为脏状态，然后在创建新目录项之后再将其设置为无效。综上所述，Kuco 可以保证元数据操作始终能够原子地更新目录树，从而实现一致的目录树视图。其次，由于并发的元数据更新都委派给 Kfs 处理，因此，Kfs 可以在不使用锁的情况下更新元数据，从而进一步提高了 Kuco 的扩展性[60-61]。Kuco 通过一个持久性操作日志确保元数据的崩溃一致性，这将在 3.4 节中讨论。

3.3.3　两级锁

Kuco 引入了两级锁机制来控制对共享文件的并发写入，从而避免 Kfs 频繁地参与并发控制管理，进而提升系统扩展性。

第一级锁用于控制不同进程之间对共享文件的并发访问。与 Aerie 和 Strata 类似，Kfs 给每个打开的文件分配了一个写租约，并仅允许持有有效写租约且未过期的进程才能修改文件，从而实现不同进程之间的粗粒度的并发控制。由于真实应用中多个进程频繁地共享同一文件的场景并不常见，因此 Ulib 并不会频繁地向 Kfs 申请租约。如果真实应用中确实存在频繁的文件共享需求，则可以通过内存共享或管道实现[33]。需要注意的是，Kuco 只要求写操作申请租约，而读操作则无须申请（3.3.5 节将详细介绍读操作）。

第二级锁是一个用户态可直接访问的范围锁，用来序列化同一进程中线程之间的并发写入。一旦 Ulib 从 Kfs 获取了文件的写租约，它便可以在用户空间为此文件创建一个范围锁，Ulib 中的线程必须获取范围锁之后才能修改对应的文件。如果发生锁冲突，当前线程将被阻塞，直至冲突的锁项被释放。该范围锁是存放在 DRAM 中的一个环形缓冲区（如图 3-4 所示），环形缓冲区由多个锁项构成，且每个锁项包含 5 个字段，分别是锁项状态、写偏移、写大小、时间戳及校验和，其中，校验和是前 4 个字段的哈希值。我们在环形缓冲区的头部还放置了一个版本号，用来描述写操作之间的顺序。

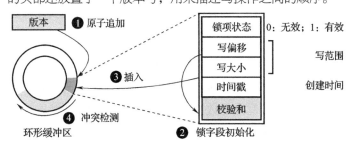

图 3-4　用户态可直接访问的范围锁工作流程

获取该范围锁包含以下步骤：Ulib 首先使用 `fetch_and_add` 操作对版本号加 1（步骤❶）；然后，将初始化的锁项插入到环形缓冲区中对应的位置，插入位置具体由获取的版本号和环形缓冲区大小进行取模运算得出（步骤❷和❸）；当该锁项与环形缓冲区的头部发生重叠时，说明锁项插入过快，导致缓冲区溢出，此时需要将当前加锁操作阻塞住，直至缓冲区有空闲位置；插入成功之后，Ulib 从后向前扫描冲突的锁项（即二者写入的数据有重叠部分），如果存在此类冲突，则 Ulib 验证其校验和，然后反复查看其状态直到其释放为止。为避免其他线程在释放锁之前意外退出而导致死锁，Ulib 还需要反复检查其时间戳字段（步骤❹）。通过上述设计，多个线程可以同时在同一文件的不同位置并发写入数据。

3.3.4　三阶段写协议

当应用程序成功获取到文件的范围锁后，便可以开始向文件写入数据。由于持久性空间是以只读模式映射到用户空间，因此 Ulib 无法直接写入文件数据。为此，Kuco 采用了一种三阶段写协议执行用户态直接写入操作。为确保崩溃一致性，Kuco 采用了写时复制（CoW）方法来更新文件数据。通过这种方法，新写入的数据始终会存放至新的持久性内存页面，而原始数据页不会被直接修改。与 NOVA 和 PMFS 类似，Kuco 的默认数据页面大小设置为 4KB。Kuco 的写协议包括 3

个步骤：首先，Ulib 通过两级锁协议锁定需要写入的文件，然后向 Kfs 发送请求获取新的持久性内存页面。由于 Kuco 使用了 CoW 方式，因此覆盖写和追加写操作都需要分配新的空间存放数据。Kfs 还需要修改相关的页表条目，使得这些新分配的页面在返回给 Ulib 之前可写。然后，Ulib 将旧位置的未修改的数据和来自用户缓冲区的新数据一起复制到新分配的页面，并通过刷写指令将其持久化。最后，Ulib 向 Kfs 发送另一个请求，通知 Kfs 更新该文件的元数据（即 i 节点和块映射），并将新写入的页面切换为只读模式，最后释放锁。

此外，Kuco 还引入了预分配机制，避免 Ulib 为每个写操作都向 Kfs 申请新的页面。预分配机制允许 Kfs 向 Ulib 分配多于实际需求的空闲页面（实际设置为 4MB），Ulib 可以在执行写操作的时候直接使用本地的空闲页面，而无须与 Kfs 进行额外的交互。当应用程序退出时，未使用的页面将返回给 Kfs。如果 Ulib 异常退出，这些空闲页面将暂时无法被其他应用程序重新使用，但 Kuco 仍可以在恢复阶段对其进行回收。另外，预分配还有助于降低 TLB 更新引入的开销：当 Kfs 新分配数据页时，它需要主动同步刷新相关的 TLB 条目，使得相关权限位的修改生效。预分配允许一次分配多个数据页，可以批量地同步 TLB 条目。

3.3.5　版本读协议

在写入协议中，CoW 机制会临时保留新旧版本的数据页。因此，即使并发写操作在同时更新当前文件，Kuco 也有机会让应用程序在不阻塞的情况下依旧读取一致的文件数据。但是，Kfs 需要原地更新文件的元数据映射表使新写入的数据生效，因此，如何一致性地读取被原地更新的文件元数据成为最大的挑战。为此，Kuco 引入一种版本读机制，实现了在 Kfs 不参与的情况下应用程序可以直接读取文件数据。

版本读协议的作用是在不锁定文件的情况下直接从用户空间读取数据，同时确保读取的数据是一个一致的版本，即不会读取到未完成的写操作写入的数据。Kuco 使用类似 Ext2[62] 的块映射机制来索引数据页，同时，还在映射表的每个指针中嵌入一个版本字段。如图 3-5 所示，每个映射表项占据 96 比特的空间，包含 4 个字段，分别是开始、版本、结束和指针。例如，当一个写操作更新了连续的三个页面时，Kfs 将使用以下格式更新相关的映射表项：$\boxed{1\ |\ V_1\ |\ 0\ |\ P_1}$ $\boxed{0\ |\ V_1\ |\ 0\ |\ P_2}$ $\boxed{0\ |\ V_1\ |\ 1\ |\ P_3}$。其中，所有映射表项均具有相同的版本（即 V_1），该版本号由 Ulib 在获取范围锁时获得，并最终传递给 Kfs；第一个表项的开始位和最后一个表项的结束位均设置为 1。由于每一个映射表项均指向一个 4KB 对齐的页面，因此，指针中的低 12 位可以去除，从而只需给每个指针分配 40 比特的空间即可。通过上述方式格式化映射表项，读者可以根据图 3-5 中的不同情况自行判断是否读取到一致的数据页：

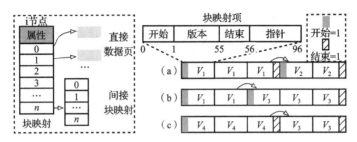

图 3-5　版本读协议工作流程

a）**无重叠**。当两个写操作在不重叠的页面上各自写入数据时，具有相同版本的映射表项应同时被开始位和结束位包围（例如图 3-5 情况 a 中的 V_1 和 V_2）。

b）**末端重叠**。当一个写操作覆盖了之前写入数据的末尾部分时，则当版本变大时，第一个表项的开始位应设置为 1（例如图 3-5 情况 b 中从 V_1 到 V_3）。

c）**首部重叠**。当一个写操作覆盖了之前写入数据的前半部分时，读者应始终在版本降低之前读取到结束位（例如图 3-5 情况 c 中从 V_4 到 V_3）。

如果 Ulib 在扫描映射表项的时候发现其格式不符合上述三种情况的任意一种，则表明 Kfs 正在为其他写操作更新相应的映射表。在这种情况下，Ulib 需要重新扫描相关版本再次进行验证。Ulib 成功完成版本检查后，则可以读取对应指针指向的数据页。综上所述，版本读协议的核心思想是利用内嵌的版本信息来检测不完整的写入，一旦发现不完整写入则重试，直到读取到一致的数据页为止。

读操作语义分析。在多线程或多进程执行环境下，版本读协议与传统的基于读锁的读取方式略有不同。例如，当一个写操作尚未执行完毕时，这期间 Kuco 是允许其他读者并发读取数据的，而传统方式则不能。但是，Kuco 依旧可以保证读操作读取数据的一致性，因此并发的读写操作仍然满足可序列化要求。在单个线程内部，由于在开始下一个读操作之前写操作必须完成，因此版本读与传统方法具有相同的语义。

3.4 KucoFS 实现细节

本节将详细阐述如何基于 Kuco 架构实现持久性内存文件系统 KucoFS。

3.4.1 数据布局

KucoFS 同时使用 DRAM 和 PM 组织文件系统镜像。如图 3-6 所示，在 DRAM 中，i 节点表由一组指针构成，并放置在预先指定的位置，其中每个指针指向实际的 i 节点，并且 i 节点表中的第一个元素永远指向根目录对应的 i 节点。通过这种设计，Ulib 可以在用户态从根目录查找任意文件。如前文所述，各目录的目录项列表被组织成一个跳表，这些跳表也同样被放置在 DRAM 中。

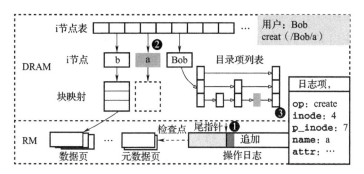

图 3-6   KucoFS 的数据布局方式

KucoFS 在处理用户请求时仅更新 DRAM 中的元数据。为了确保元数据的持久性和崩溃一致性，KucoFS 还在持久性内存中存放了一个持久性操作日志。当 Kfs 更新元数据时，它首先追加一个日志条目以确保更新内容已持久化，然后再更新 DRAM 中的元数据。当发生系统故障时，KucoFS 可以通过重演操作日志中的操作记录来恢复 DRAM 中的元数据。除了操作日志外，额外的持久性内存空间被切分为 4KB 数据页和元数据页。这些空闲的持久性内存页面通过一个位图进行标记，同时，KucoFS 还在 DRAM 中构建了一个空闲链表，用以快速查找空闲页面。这些位图信息无须在更新时立即持久化，而是可以在检查点进行延迟处理。

3.4.2　崩溃一致性及恢复

元数据一致性。KucoFS 通过严格保证对 DRAM 和 PM 的更新顺序来确保元数据的一致性。图 3-6 显示了 Kfs 在收到来自 Ulib 的创建请求时如何创建文件的步骤：首先，Kfs 从 i 节点表中分配一个未使用的 i 节点编号，并在操作日志尾部追加一个日志项，用来记录新分配的 i 节点编号、文件名、父目录 i 节点号及其他属性（❶）。然后，Kfs 分配一个新的 i 节点，并填写各字段，将 i 节点表中对应的表项指针指向该 i 节点（❷）。最后，Kfs 根据 Ulib 给定的地址在父目录的目录项列表中插入一个新的目录项，使得新创建的文件全局可见（❸）。如果已经存在另一个相同的目录项，则新目录项创建失败（避免创建相同的文件）。删除文件时，Kfs 首先在操作日志中追加一个日志条目，然后删除父目录中对应的目录项，最后释放相关的空间（例如 i 节点、数据页和块映射等）。如果在操作完成之前系统崩溃，DRAM 中元数据更新将会丢失，但是 Kfs 可以在系统重启之后通过重演日志条目将它们恢复至最新状态。对于重命名操作，除了系统故障外，内核线程崩溃还会导致标识位处于不一致状态。但是，如果内核线程崩溃，则可以认为整个文件系统已经崩溃，此时需要重新启动文件系统，并通过上述日志技术确保重命名操作可以恢复到一致的状态。

数据一致性。KucoFS 首先以 CoW 方式更新数据页，然后在操作日志中追加日志条目记录元数据的修改。这种处理文件写入操作的方式，可保证该操作被正确地持久化。之后，KucoFS 可以安全地更新 DRAM 元数据，让写入的数据被应用程序可见。如果在持久化操作完成之前发生系统故障，此时旧数据及元数据均未被修改，KucoFS 仍然可以将其回滚到最近的一致状态。否则，KucoFS 可在系统重启之后重演操作日志让这个未完成的写操作生效。

日志清理和恢复。 KucoFS 引入了检查点机制来避免操作日志增长过大。在 Kfs 不忙或者日志的大小超过阈值（具体实现中设置为 1MB）时，KucoFS 使用后台内核线程来触发检查点操作，将操作日志中的内容移动到持久性内存元数据页面。与此同时，用于管理 PM 空闲页面的位图也将被更新并持久化。之后，该操作日志便可以被安全回收。上述日志回收流程不会阻止前台操作，其唯一的影响是日志清理会消耗额外的持久性内存硬件带宽。但是，元数据更新的内容通常较小，因此带宽消耗一般不高。KucoFS 崩溃重启后，Kfs 都会首先在操作日志中重演残留的日志条目，让持久性内存中的元数据页面处于最新状态；然后将元数据页面复制到 DRAM 中，同时还会根据存储在 PM 中的位图重建 PM 数据页的空闲链表。在恢复过程中，再次崩溃并不会影响其正确性，所以因为操作日志尚未被回收，所以仍然可以进行重演。

在 DRAM 和 PM 中同时保留元数据的冗余副本会增加 PM 和 DRAM 空间的消耗，但值得注意的是，KucoFS 使用额外的 DRAM 空间并不直接促进其性能提升。KucoFS 由于需要同时修改并维护 PM 和 DRAM 中的数据，因此还会引入额外的内存写入开销；另外，常见的内核态文件系统（例如Ext4 等）也会在 DRAM 中缓存频繁访问的元数据。KucoFS之所以具有远高于现有系统的元数据性能，是因为其引入的①操作日志技术能够降低对 PM 的写入次数；②协同索引技术能够有效提升元数据操作的扩展性。

3.4.3　写保护

KucoFS 严格控制应用程序对文件系统镜像的更新。首先，由于内存中的元数据和持久性操作日志都是核心数据，因此，KucoFS 仅允许内核中的 Kfs 对其进行修改。文件的数据页面以只读模式映射到用户空间，而应用程序只能将数据写入新分配的 PM 页面，无法对现有数据页面进行直接修改。其次，KucoFS 还为用户空间数据结构提供了进程级隔离。用于 Kfs 和 Ulib 交互的共享内存区域及范围锁均仅当前进程可见，攻击者无法对其他进程进行攻击。综上所述，KucoFS 实现了与内核文件系统同等级别的写保护。

防止流浪写。由于现有的用户态文件系统将文件系统镜像直接映射到用户空间，因此流浪写很容易破坏文件数据。为防止此类问题发生，KucoFS 以只读模式将 PM 空间映射到用户空间。当然，这种方法并不能完全规避流浪写问题，例如，在写操作完成之后相应权限位并不能立即修改，新写的页面仍然有一个临时的可写的窗口（一般小于 $1\mu s$）。然而，此类问题在内核文件系统（如 PMFS）也存在，很难完全避免，但一般情况下这种事件极少发生。此外，用户空间中的范围锁和通信内存区域也可能因误写而损坏，为此，KucoFS为每个数据项添加了额外的校验值，帮助其他进程检查插入的元素是否已损坏。

3.4.4　读保护

为实现读保护，KucoFS将整个文件目录树切分为不同的分区，每个分区对应的文件目录子树被称作分区树。分区树是访问控制的最小单元，包含 PM 中的元数据、数据以及DRAM 中的相关元数据。每个分区树都对应一个完整的子目录，它不允许文件或目录的数据结构跨越不同的分区树。当一个应用程序访问 KucoFS 时，Kfs 仅将当前应用程序有权访问的分区树映射到它的地址空间，而其他分区树对其不可见。

KucoFS 需要做出如下妥协来实现读保护：首先，由于现有的页表只有一个权限位来表明当前页是只读或是可读可写的，因此 KucoFS 无法支持"只写"或更复杂的权限语义，例如 POSIX 访问控制列表（Access Control List，ACL），这与现有的用户空间文件系统[32-33] 面临类似的问题。其次，分区树的设计难以支持对特定文件进行权限修改（例如chmod）[33,54,63]，因此，KucoFS 不支持用户之间灵活的数据共享。为此，本章提供了几种实用的可行方法。例如，创建一个独立的分区使得具有不同权限的应用程序均可以访问该分区；或者在不同的应用程序之间通过 RPC 获取相关数据。另外，KucoFS 可以高效地支持在同一权限组内共享数据，而这在真实场景下更常见[54]。

3.4.5 内存映射 I/O

基于写时复制的文件系统由于不允许原地更新，因此无法直接支持 DAX 功能。另外，DAX 模式允许应用程序直接更新 PM 中的数据，这为程序员在执行过程中确保原子性和崩溃一致性带来了挑战。综合考虑这些因素，KucoFS 借鉴了 NOVA 的方式，并提供一种具有更高一致性保障的 atomic-mmap 接口。当应用程序将文件映射到用户空间时，Ulib 将文件数据复制到其私有的数据页面，然后向 Kfs 发送请求，从而将这些页面映射到连续的地址空间。当应用程序发出 msync 系统调用时，Ulib 将其视作一个写操作进行处理，并以原子的方式让这些数据页中的更新对其他应用程序可见。

3.5 实验和性能评估

在实验评测过程中，本节尝试回答以下几个问题：

- KucoFS 是否实现了高性能及高可扩展的设计目标?
- KucoFS 中引入的各种技术是如何帮助其实现这些目标的?
- 在真实负载下 KucoFS 的表现如何?

3.5.1 实验环境设置

实验平台。本实验平台配备了两个 Intel Xeon Gold 6240M CPU（36 个物理核）、384GB DDR4 DRAM 和 12 个傲腾持久性内存（每个设备 256GB，总计 3TB）。本实验仅使用了 0 号 NUMA 节点上的持久性内存空间（共 1.5TB），其读带宽为 37.6GB/s，写带宽为 13.2GB/s。操作系统为 Ubuntu19.04，内核版本为 Linux5.1。

对比系统。实验同时对比了持久性内存文件系统（包括 PMFS[29]、NOVA[12]、SplitFS[53]、Aerie[32] 和 Strata[33]）以及支持 DAX 功能的传统文件系统（包括 Ext4-DAX[64] 和 XFS-DAX[65]）。由于 Strata 在多线程环境下会运行报错，因此，本实验仅在 3.5.3 节和 3.5.4 节中展示了其部分性能结果。由于 SplitFS 只支持部分文件系统调用，因此本实验仅在 3.5.2 节和 3.5.4 节测试了 SplitFS。为公平起见，SplitFS 被配置为严格持久化模式，从而确保数据更新的持久性和原子性。由于 ZoFS 没有开源，因此本实验未对其进行评估。Aerie 基于 Linux3.2.2，由于该内核版本不支持 PM，因此本实验通过在 DRAM 注入额外的延迟来模拟 PM 并测试 Aerie。

3.5.2 优化技术效果分析

本实验使用 FxMark[66] 测试 KucoFS 中各类优化技术带来的效果。FxMark 专门用于测试各类基本文件系统操作的扩展性，它包括19个微观测试集，可根据4个维度对其进行分类，分别是数据类别（例如数据或元数据）、读写模式、操作类型（例如创建、删除等）及冲突级别（包括低、中、高三个级别）。本实验仅根据需要测试了上述部分操作。

3.5.2.1 协同索引效果分析

基础性能测试。由于文件创建操作需要 Ulib 将请求发送到 Kfs，因此本实验选择此操作来分析协同索引的效果。Fx-Mark 在测试创建操作的扩展性时，让每个工作线程在私有目录（低冲突）或共享目录（中冲突）中各创建1万个文件。如图3-7a 和图3-7b 所示，在对比的文件系统中，KucoFS 无论在低冲突级别还是中冲突级别均具有最高的性能，并且其吞吐率在工作线程数量上升时从不下降。XFS-DAX、Ext4-DAX 和 PMFS 需要在日志中记录元数据修改，此过程需要获取全局锁，这会极大地影响其扩展性。NOVA 为每个 i 节点分配了一个独有的日志，并将其空闲空间切分到不同 CPU 核，从而避免使用全局锁。因此，NOVA 在低冲突级别下具有较高的扩展性。但是，在中冲突级别下，由于 VFS 需要在创建文件之前锁定父目录，因此所有的内核文件系统扩展性都极差。SplitFS 的元数据操作均由 Ext4 接管，这也导致其扩展性不高。从 ZoFS 的论文中还可以发现，ZoFS 在低冲突级别下甚至比 NOVA 的性能还低，这是因为它需要频繁地陷入内核以分配新的空间。Aerie 支持将元数据修改批量同步到

TFS，因此它可在低冲突级别下达到与 KucoFS 相当的性能，但在中冲突级别下 Aerie 没能成功运行。在冲突级别提升之后，KucoFS 的吞吐率仅略微下降，其吞吐率比其他文件系统高出一个数量级，比 ZoFS 也高出 3 倍。分析发现，这主要是以下几个方面促使 KucoFS 实现了高可扩展性：首先，在 KucoFS 中，所有元数据修改请求都发送给 Kfs，Kfs 可以在不加锁的情况下更新元数据；其次，将索引任务卸载到用户空间后，Kfs 只需执行非常轻量的工作。

大测试集。本实验还进一步对工作负载进行扩容，从而测试 KucoFS 是否能在创建大规模文件时继续保持其性能优势。具体地，FxMark 让每个线程创建 100 万个文件，这是 FxMark 中默认数据规模的 100 倍，结果如图 3-7c 所示。与小规模测试的结果相比，KucoFS 的吞吐率下降约 28.5%，这主要是因为文件数量增加时文件系统需要更多时间来找到目标元数据的位置，索引开销有所增加。即使这样，KucoFS 仍然比其他文件系统的性能高一个数量级。

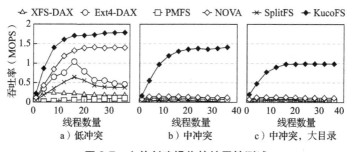

图 3-7　文件创建操作的扩展性测试

冲突处理性能。当并行执行的多个应用程序之间发生冲突时，KucoFS 要求 Kfs 回退并重试，这在一定程度上会影响整体性能。为此，本实验还测试了 KucoFS 在处理冲突操作时的性能表现。具体的测试方法如下：如果当前文件不存在，则创建此文件，否则将其删除。该执行逻辑由多个并发线程共同执行，并测试其中执行成功的操作的聚合吞吐率，结果如图 3-8a 所示。作为对比，NOVA 也按照同样的方法测试，其结果也显示在图中。可以观察到，KucoFS 的吞吐率比 NOVA 高 2.4 倍。在 NOVA 中，工作线程需要在创建或删除文件之前锁定该文件。如果创建或删除操作失败，当前的锁定保护还会阻塞其他并发线程，造成不必要的阻塞开销。相反，在 KucoFS 中，线程可以将创建或删除请求发送到 Kfs，并由 Kfs 最终决定此操作是否可以成功处理，因此应用程序不会被阻塞。此外，由于 Ulib 已经在请求中提供了相关地址，因此 Kfs 可以使用这些地址直接验证元数据项，而这也不会给 Kfs 带来额外的查询开销。

分解分析。更进一步，本实验还分析了协同索引机制带来的性能提升，具体方法是通过与禁用了协同索引机制的 KucoFS 版本（即元数据索引任务移回到 Kfs，表示为"w/o CI"）进行比较。图 3-8b 展示了不同工作线程数量情况下，creat 的总吞吐率，观察可见：首先，在单线程场景下，协同索引并不会帮助提升性能，这是因为将元数据索引任务从 Ulib 移回 Kfs 并不会减少每个操作的总体延迟。其次，

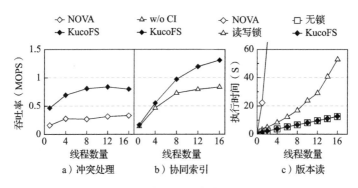

图 3-8　各类优化技术的效果分析

当客户端线程数量增加时，有协同索引相比无协同索引，最高可提升 55% 的吞吐率。由于 KucoFS 仅允许 Kfs 更新元数据，因此，理论上的最大吞吐率为 $T_{max} = 1/L(\text{Ops})$，其中 L 是 Kfs 处理一个请求的延迟。根据计算公式可得，KucoFS 的设计原理是通过缩短每个请求的执行时间（即 L）来提升总吞吐率。

3.5.2.2　版本读协议效果分析

图 3-9 展示了在不同冲突级别下，随着线程数增加每个文件系统的文件读取性能。其中，低冲突级别代表不同线程读取不同文件，中冲突级别代表不同线程读取同一文件的不同位置（写操作类似）。观察结果如下：首先，KucoFS 在对比的文件系统中吞吐率最高，其峰值吞吐率为 9.4MOPS（已完全用满硬件带宽）。其性能优势主要源于版本读协议的设

计，该读取协议可在 Kfs 不参与的情况下直接读取持久性内存数据。内核文件系统（例如 XFS、Ext4、NOVA 和 PMFS）在读取文件时必须陷入内核并经过 VFS，这些额外的开销会影响读取性能。SplitFS 尽管可以在用户态直接访问文件数据，但它只能达到与 NOVA 相近的性能。分析发现，每当 SplitFS 读取尚未进行地址映射的页面时，它都需要临时将这些 PM 空间映射到用户空间，这将耗费额外的时间。在中冲突级别下，KucoFS 的性能优势更为明显，这是因为其他的文件系统都需要在读取文件数据之前锁定文件。尽管该过程使用的是共享锁，但加锁本身的开销还是会严重影响性能[67]。其次，当线程数量继续增加时（灰色区域），所有的文件系统读取性能都会急剧下降。为了获得稳定的结果，本实验首先将工作线程绑定到 NUMA 0 对应的物理核，因此对持久性内存的访问均为本地访问。只有在线程总数大于 18 时才使用 NUMA 1 的物理核，从而引入额外的远程持久性内存访问。近年来，多个工作均观察到跨 NUMA 访问持久性内存对带宽影响极大[68]。为了确认 KucoFS 的软件设计是可扩展的，本实验继续将 NOVA 和 KucoFS 部署在 DRAM 上，观察得出两者均可扩展到更多的线程。因此，许多近期的论文都建议避免访问远程持久性内存[54,68]。在模拟的持久性内存环境下，Aerie 可以在低冲突级别下实现与 KucoFS 几乎相同的性能。但是在中冲突级别下，其吞吐率却相差较远，这主要是由于 Aerie 需要频繁地与 TFS 进行交互，造成大量的进程间通信开销。

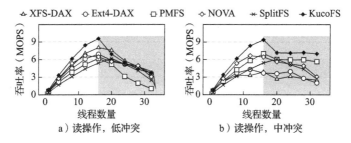

图 3-9　文件读操作扩展性测试

本实验还进一步通过并发读取和写入同一文件的数据以展示版本读协议的优势。实验方式具体如下：首先使用一个读线程从文件中读取数据，I/O 大小为 16KB；然后同时启动多个写线程向同一文件随机写入数据（I/O 大小为 4KB）；最后在改变并发写线程数量的情况下记录读线程完成 100 万次读操作分别需要花费的时间。为了便于比较，本节还实现了 KucoFS 的几个变种版本，包括通过获取范围锁来读取文件数据的版本（称作"读写锁"）和不保证正确性而直接读取文件数据的版本（称作"无锁"）。从图 3-8c 中可以得出以下结论：首先，版本读协议可以实现与无锁版本几乎相同的性能，这证明了版本检查的开销非常低。同时还能观察到，读写锁版本需要更多的时间来完成数据读取，其执行时间相比于 KucoFS 高出 7% 至 3.2 倍，这主要是因为该版本需要使用原子操作来获取读写锁，这在冲突频繁发生时会严重影响读取性能。其次，NOVA 的执行时间比 KucoFS 的执行时间高几个数量级。由于 NOVA 直接使用互斥锁来同步并发的读线程和写线程，因此读者总是频繁地被写者阻塞。

3.5.2.3　三阶段写协议效果分析

在测试三阶段写协议时，实验同时测试了覆盖写和追加写的性能，测试结果如图 3-10 所示。对于低冲突级别的覆盖写操作，这些文件系统的总吞吐率随着客户端数量增多而表现出先增后降的总体趋势。在上升部分，KucoFS 在对比的文件系统中具有最高的吞吐率，这是因为它可以在用户空间中直接写入数据。XFS 和 NOVA 也显示出良好的扩展性。其中，NOVA 将空闲空间切分到不同线程，避免了在分配新数据页面时的锁开销；XFS 不考虑崩溃一致性，直接在原地更新数据，因此不涉及新数据页面的分配过程。PMFS 和 Ext4 均无法很好的扩展，这主要是因为它们依赖于集中式的事务处理模块来写入数据，这将产业全局锁开销，从而限制它们的扩展性。在下降部分，这些文件系统的吞吐率主要受两个因素影响：一方面是跨 NUMA 数据访问的开销，这一点已经在之前说明；另一方面是傲腾持久性内存设备本身的扩展性不好[68]。SplitFS 无法成功运行该操作，因此其数据未在图中展示。对于追加写操作，随着线程数量的增加，XFS-DAX、Ext4-DAX 和 PMFS 的扩展性均较差。这是因为它们都使用了全局锁来管理空闲数据页及元数据日志，所以锁冲突竞争成为主要开销。NOVA 和 KucoFS 都显示出较好的扩展性，并且随着线程数量的增加，KucoFS 的性能比 NOVA 高出 10% 至 2 倍。SplitFS 的吞吐率介于 NOVA 和 Ext4-DAX 之间。这是因为 SplitFS 需要将数据临时存储到暂存区，在发起同步操作之后再陷入内核将其链接到原始文件。在模拟的持久性内存中，Aerie 的性能最差，这是因为客户端需要频繁地与 TFS 交互以获取锁并分配新的空间，所以 TFS 成为性能瓶颈。

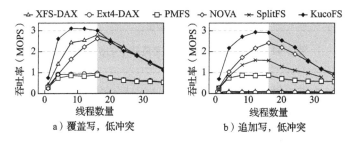

图 3-10　文件写操作在低冲突负载下的扩展性测试

两级锁协议。为了分析两级锁设计带来的效果，实验还在中冲突级别下测试了覆盖写操作的性能，即不同线程在同一文件的不同位置并发地写入数据（SplitFS 无法在此设置下正常运行）。如图 3-11 所示，当线程数较少时，KucoFS 的吞吐率比其他四个文件系统高一个数量级，这是因为 KucoFS 中的范围锁设计允许并行地更新同一文件中的不同数据块。当线程数增加到超过 8 个时，KucoFS 的性能会再次下降，这主要是受范围锁环形缓冲区大小的限制（环形缓冲区中默认保留 8 个锁项）。分析还发现 ZoFS 的吞吐率比 NOVA 的吞吐率高 2 到 3 倍（参考 ZoFS 原文中的图 7f），但是它的性能仍然不如 KucoFS。

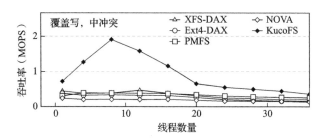

图 3-11　文件写操作在中冲突负载下的扩展性测试

内存映射 I/O。mmap 接口是访问持久性内存文件系统的最高效的方法。在处理 mmap 请求时，KucoFS 中的 Kfs 会预先建立所有相关的页表。为了公平起见，测试过程中在调用 mmap 接口访问内核文件系统时均添加了 MAP_POPULATE 标志，该标志用于提示内核在处理 mmap 请求时提前建立好完整的页表。实验结果正如预期一样：当多个线程并发读取或写入 4KB 数据时，所有的文件系统都会让硬件带宽饱和（未显示在图中）。

3.5.3　Filebench 基准测试

本节实验使用了 Filebench[69] 基准测试工具测试 KucoFS 的性能。表 3-2 描述了工作负载的具体设置，以及 1 个线程和 16 个线程下的实验结果。另外，由于更多的线程数量并

表 3-2　KucoFS 在 Filebench 基准测试程序下的性能表现

负载名称	Fileserver		Webserver		Webproxy		Varmail	
读写尺寸	16KB/16KB		1MB/8KB		1MB/16KB		1MB/16KB	
读写比例	1 : 2		10 : 1		5 : 1		1 : 1	
文件数量	10 万		10 万		10 万		10 万	
线程数	1	16	1	16	1	16	1	16
XFS-DAX	39KOPS	127KOPS	121KOPS	1.35MOPS	192KOPS	863KOPS	99KOPS	319KOPS
Ext4-DAX	52KOPS	362KOPS	123KOPS	1.33MOPS	316KOPS	2.50MOPS	57KOPS	135KOPS
PMFS	72KOPS	317KOPS	110KOPS	1.25MOPS	218KOPS	1.54MOPS	169KOPS	1.06MOPS
NOVA	71KOPS	537KOPS	133KOPS	1.43MOPS	337KOPS	3.02MOPS	220KOPS	2.04MOPS
Strata	75KOPS	—	105KOPS	—	420KOPS	—	283KOPS	—
KucoFS	99KOPS	683KOPS	141KOPS	1.48MOPS	463KOPS	3.22MOPS	320KOPS	2.55MOPS

不能让 Filebench 呈现更高的吞吐率，因此，本实验最高仅用 16 个线程[54]。经分析可观察到如下现象：首先，KucoFS 在所有工作负载中均表现出最高的性能。使用单个线程测试 Fileserver 工作负载时，KucoFS 的吞吐率分别是 XFS-DAX、Ext4-DAX、PMFS、NOVA 和 Strata 的 2.5 倍、1.9 倍、1.38 倍、1.39 倍和 1.32 倍；而在 Varmail 工作负载下比对比系统分别高出 3.2 倍、5.6 倍、1.9 倍、1.45 倍和 1.13 倍。在读密集型工作负载下（例如 Webserver 和 Webproxy），KucoFS 也展现出更高的吞吐率。其性能提升主要源自 KucoFS 的版本读机制。Strata 也受益于用户态直接访问模式，可以观察到，其性能仅次于 KucoFS。同时还可以注意到，KucoFS 的设计非常适合运行 Varmail 工作负载。由于 Varmail 经常创建和删除文件，因此它会产生更多的元数据操作，如前文所述，KucoFS 消除了操

作系统的软件开销，并且更擅长处理元数据操作，所以 Ku-coFS 在 Varmail 负载下性能优势也更为明显。此外，Varmail 产生的 I/O 尺寸较小，而 Strata 只需要将这些小 I/O 追加到操作日志中，就可以极大程度避免写放大，进而提供更高的性能。

其次，KucoFS 还更擅长处理高并发工作负载。在 16 个工作线程的 Fileserver 工作负载下，KucoFS 的性能是 XFS-DAX 的 4.4 倍，比 PMFS 高 20%，比 NOVA 高 27%。在 Varmail 工作负载下，KucoFS 的性能提升更为明显，其性能平均比 XFS-DAX 和 Ext4-DAX 高出 10 倍。这主要有以下两方面的原因：首先，KucoFS 集成了协同索引等技术，从而让 Kfs 能够提供可扩展的元数据访问性能；其次，KucoFS 中的应用程序可以独立管理各自的空闲数据页，从而避免使用全局锁。NOVA 也具有良好的扩展性，这是因为它给每个 i 节点分配了单独的日志结构，并对空闲空间进行切分管理，避免了使用全局锁。

3.5.4　Redis 真实应用

Redis 通过提供 put、get 等简单的 API 让应用程序可以处理和查询结构化数据，其依赖文件系统对数据进行持久性存储。Redis 有两种数据持久化的方法：一种是将操作记录追加到日志文件末尾（AOF），另一种是使用异步快照机制。本实验仅测试了 AOF 模式下的 Redis 性能。图 3-12 显示了不同对象尺寸下 put 操作的吞吐率（默认 key 大小为 12B）。在插入的对象尺寸较小时，基于 KucoFS 的 Redis 吞吐率相比于

PMFS、NOVA 和 Strata 平均提升了 53%；与 XFS-DAX 和
Ext4-DAX 相比提升达 76%，这与 3.5.2.3 节中的结果一致。
当插入的对象较大时，由于大部分时间都消耗在数据持久化
过程，因此 KucoFS 的吞吐率相比于其他文件系统优势不大。
另外需要注意的是，Redis 是一个单线程应用，KucoFS 插入
8KB 对象的吞吐率仅为 100KOPS，其对应带宽为 800Mbit/s。
SplitFS 也比较擅长处理追加操作，这是因为它可以在用户空
间直接完成数据写入。但是，它的性能仍然不如 KucoFS，这
是因为 Redis 每次插入新的数据项之后都会调用 fsync 刷写
AOF 文件。此时，SplitFS 需要陷入内核来更新元数据，从而
引入了额外的软件开销。

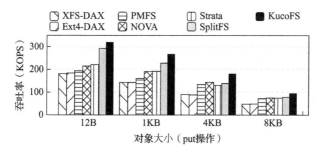

图 3-12　基于 KucoFS 的 Redis 性能测试

3.6　本章小结

本章主要解决现有持久性内存文件系统软件开销高及扩

展性问题，并提出一种内核态和用户态协同的持久性内存文件系统架构 Kuco，其包含三项关键技术：①为提升元数据扩展性，提出协同索引技术，将文件路径解析任务从内核态卸载到用户态，允许应用程序在发起元数据更新请求之前先查询相关元数据，并将此类地址发送至内核；通过这种方法，内核线程可以直接根据提供的地址更新元数据，而无须额外进行迭代查询；②为提升写操作扩展性，提出两级锁机制，基于对真实应用的行为分析，提出通过写租约协调不同应用程序之间对共享文件的并发访问，在进程内部则通过用户态可直接访问的范围锁解决不同线程之间的冲突；③为提升读操作扩展性，提出版本读机制，通过在文件元数据中携带额外的版本信息，让应用程序在内核线程不介入的情况下直接读取一致版本的数据。通过一系列优化机制，基于 Kuco 架构的文件系统可将元数据扩展性提升 1 个数量级，且在处理读写请求时可完全让硬件带宽饱和。

与本章成果对应的学术论文发表在 2021 年的存储领域顶级会议 FAST（The 19th USENIX Symposium on File and Storage Technologies）。

第 4 章

ScaleRPC：面向连接分组的分布式内存通信机制

4.1 概述

随着应用程序对数据存储及处理能力的需求日益提升，将数据直接放入内存进行处理的内存存储、内存计算技术已经得到广泛的应用部署[3,16,70-71]。近年来，RDMA 由于具有低时延、高带宽、可远程读写内存等特性，逐渐成为一种新兴的网络传输技术；其应用场景不再局限于高性能计算节点的高速互连，还被广泛应用到数据中心进行网络传输加速。RDMA 的出现进一步缩短了网络和内存之间的性能差距，因此，研究人员广泛探索了如何将 RDMA 应用到键值存储[14,35-36]、事务处理[15,40-43,72]、文件系统[16,71,73] 以及机器学习系统[74] 中。

然而，实验发现随着网络连接数量的上升，RDMA 的吞吐率下降十分严重。例如，当多个客户端通过 RDMA 网络并行访问一个分布式文件系统元数据服务器时，stat 操作的总吞吐率将随着客户端数量的上升而下降。特别地，当客户端数量从 40 个上升至 120 个时，总吞吐率跌落将近一半。此外，实验还测试了 RDMA 单边写原语在"一对多"通信场景下的吞吐率。当客户端数量从 10 个增加至 200 个时，总吞吐率从 20MOPS 跌至 2MOPS，跌幅达一个数量级。事实上，分布式系统广泛使用到客户端-服务端处理模型，而对应的网络通信模式正是上述测试场景中的"一对多"通信模式。例如，在键值存储系统中，并发的客户端请求将发往中心化的键值存储服务器；在分布式文件系统中，文件系统客户端将并行访问中心化的元数据服务器；在分布式机器学习系统中，训练节点和参数服务器在每轮迭代过程中会发生频繁的数据交换。因此，RDMA 的扩展性缺陷将使其很难在数据中心得到大规模部署使用。

为此，本章提出一种基于 RDMA 的远程过程调用（Rremote Procedure Call，RPC）原语 ScaleRPC。ScaleRPC 运行在可靠连接模式，并提供可扩展的跨节点消息传输性能⊖。为了达到上述目标，ScaleRPC 引入了连接分组机制，以限制当前正在被服务的客户端连接数量，防止网卡缓存空间出现争用。分组机制将当前接入的客户端分入不同组，进而通过分

⊖ 本章中"可扩展"特指在"一对多"网络传输模式下总吞吐率不随客户端数量增加而下降的能力。

时复用机制对不同组提供服务。另外，ScaleRPC 通过虚拟映射机制使得不同的客户端组共享同一个内存消息池。通过这种方法，不同客户端的消息将能够缓存到有限的内存空间中，并且消息池可以完全存放在 CPU 的末级缓存（Last Level Cache，LLC）内，从而进一步降低 CPU 缓存争用。

为进一步提升灵活性和高效性，ScaleRPC 仍然需要克服以下两方面的挑战：首先，ScaleRPC 需要足够灵活以适应不同客户端的业务需求。例如，在真实应用场景下，客户端发起请求的频率各不相同，且用户行为还会随着时间的变化而变化。其次，上述虚拟映射机制在不同客户组之间切换时需要足够轻量高效，以避免服务端 CPU 在切换过程中出现空等现象。为解决上述难题，ScaleRPC 分别引入了基于优先级的调度机制，以动态适应不同客户端的业务需求，以及请求预热机制，以降低客户端不同组切换时的开销。现有的系统主要通过以下两种方式使用 RDMA：

①完全重新设计软件系统以充分利用 RDMA 的新特性，例如通过单边原语重构网络数据通路[14-15,42]；②将现有软件的网络通信模块替换为支持 RDMA 的 RPC 模块。由于 RPC 原语使用广泛且对现有软件的改动较小，因此本章特别选择了 RPC 原语作为具体的实现途径。本章的主要贡献可归纳如下：

1）提出了基于可靠连接的 RDMA RPC 原语 ScaleRPC，并通过连接分组、虚拟映射等机制实现有限硬件资源的高度共享，进而提升 RDMA 的扩展性。

2）全方位测试了 ScaleRPC 在不同场景下的性能表现。实验显示，ScaleRPC 具有与不可靠连接模式相近的扩展性及吞吐率，并具有可靠的数据传输能力。

3）进一步验证了 ScaleRPC 在分布式文件系统及分布式事务系统中的性能表现。ScaleRPC 支持应用程序通过单边原语进一步优化系统性能，例如，事务系统可同时使用 RPC 原语和单边原语执行事务逻辑，相比原有方法，其总体性能提升达 160%。

4.2 研究动机

本节将介绍 RDMA 在不同通信模式下的扩展性表现，并从硬件角度详细分析 RDMA 扩展性问题的成因。

4.2.1 RDMA 扩展性问题

为帮助理解 RDMA 的扩展性问题，本节首先测试了基于 RDMA 的分布式持久性内存文件系统 Octopus[16] 的元数据扩展性。实验部署了配置单个元数据服务器的 Octopus，并且客户端可通过 56 Gbit/s 的 RDMA 网络访问该元数据服务器（具体的实验平台设置可参考 4.4.1 节）。如图 4-1a 所示，当客户端数量从 40 个增加至 120 个时，stat 和 readdir 的吞吐率下降最多可达 50%。由于 Octopus 在处理读操作时不涉及加锁开销，因此上述扩展性问题主要源于 RDMA 网络本身。如图 4-1b 所示，实验还进一步测试了 RDMA 的硬件性能。图中 In 代表多个客户端并发向同一个服务端发送数据包（Inbound，入站模式）；Out 代表服务端同时向多个客户端发送数据包（Outbound，出站模式）。当服务端向多个客户端发送数据包时，出站模式总吞吐率从 20MOPS 急剧下降至 2MOPS。而入站模式及 UD 模式均不存在扩展性问题。

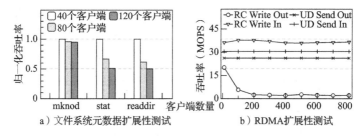

a）文件系统元数据扩展性测试 b）RDMA扩展性测试

图 4-1 RDMA 的扩展性分析

4.2.2 成因分析

RDMA 数据流分析。为进一步理解 RDMA 扩展性问题的根源，图 4-2 展示了 RDMA 网络通信过程中的数据收发流程。以单边写原语为例，发送端 CPU 首先初始化一个网络请求，并通过 MMIO（memory-mapped I/O）将其发送到本地网卡（步骤①）。当本地网卡收到该请求之后，首先通过 DMA 技术将涉及的数据从主存读取到网卡（步骤②），并发送出去

（步骤③）。当接收端网卡接收到该请求后，直接通过 DMA 技术将接收的数据写到对应的内存地址（步骤④）。接收端 CPU 则会重复扫描相应的内存区域以确认传入的数据是否到达（步骤⑤）。整个数据传输过程中，远端 CPU 完全不介入数据的收发过程。然而，多个客户端数据流并行传输时将引起网卡、CPU、内存等硬件资源的竞争，从而导致总体性能下降。

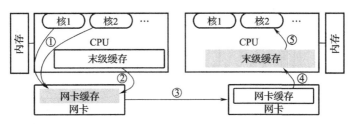

图 4-2　RDMA 网络通信过程中的数据收发流程

出站请求争用网卡缓存。网卡主要缓存三类信息，分别为注册内存虚拟地址到物理地址的映射表、QP（queue pair）元数据、工作队列元素（Work Queue Elements，WQE）[75]。为降低映射表中表项的数量，FaRM[15] 使用了 2GB 的大页，而 LITE[76] 则在内核态直接注册物理地址。然而，当连接数量增加之后，QP 元数据和 WQE 的尺寸将无法得到有效控制。当这些数据无法完全缓存在网卡中时，上述步骤②将导致数据在网卡和主存之间频繁地换入换出，从而影响扩展性。为定量理解这一问题，实验在测试 RDMA 原语的同时还采集了 PCIe 相关性能计数器的数据。如图 4-3a 所示，在初始阶段，出站写原语的吞吐率随着客户端数量上升而上升，与此同时，PCIe 读速率也几乎同步上升。由于网卡在处理单边写原语时需要将数据通过 PCIe 协议读取至网卡，因此，二者的速率理应相互匹配。然而，当客户端数量进一步增加之后，写原语性能急剧下降，而 PCIe 读速率不降反升。由此可见，该过程中网卡缓存发生了严重的竞争，导致数据频繁地在主存和网卡缓存之间移动，引入了大量的 PCIe 读流量，进而导致总体性能下降。入站写原语的吞吐率在客户端数量变化时几乎保持不变，且 PCIe 读速率一直在较低水平。

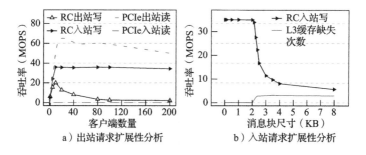

a）出站请求扩展性分析　　　　b）入站请求扩展性分析

图 4-3 RDMA 扩展性成因分析

入站请求争用 CPU 缓存。为提升性能，英特尔推出的 DDIO（data direct I/O）技术允许网卡将接收的数据直接传至 CPU 的末级缓存（即图 4-2 的步骤②）。DDIO 提供两种末级缓存访问机制，分别为访问时更新和访问时分配。其中，访问时更新允许对已经缓存在 LLC 的数据进行原地更新，而访问时分配则在数据未被缓存时开辟新的缓存空间来存放新接收的数据。然而，访问时分配所能使用的缓存空间最多不能超过末级缓存的 10%[77]。因此，如果远程访问的内存区域不能很好地缓存至末级缓存，将导致频繁的缓存行替换，进而影响整体性能。为展示上述过程对性能的影响，实验测试了入站单边写原语吞吐率及 LLC 缺失率随消息池增大的变化趋势。测试过程中，服务端的消息池被切分为多个内存块，且不同的内存块被不同的客户端远程访问，避免了不同客户端的消息彼此覆盖。实验共使用了 400 个客户端，每个客户端分配 20 个内存块，客户端的每个消息实际大小为 32B。从图 4-3b 中可以发现，当内存块大小增加到 2KB 时，总体性能发生骤降。与此同时，末级缓存的缺失率也开始明显上升。当使用 2KB 内存块时，消息池的总大小为 16MB（2KB×400×20），其大小与末级缓存相差不大。因此，当使用的消息池过大时，末级缓存将无法被有效利用，从而影响入站原语的扩展性。综上所述，RDMA 的扩展性问题根源在于硬件缓存资源的争用。

4.2.3 现有的 RDMA 扩展性解决方案

基于不可靠连接。最近的研究提出使用不可靠连接（UD）模式设计可扩展软件[35,43]。尽管 UD 模式具有良好的扩展性，但其局限性也很明显。首先，UD 连接不支持单边原语，而这恰好是被用于设计高效存储软件的最重要途径[14,40-42]；其次，UD 无法单次传输大于 4KB 的数据。为了支持大型消息的有序传输，应用程序必须将数据切分成连续的 4KB 数据块，并且接收者必须在下一次传输之前进行确认以保证数据的有序传输。实验表明，这种有序传输的单线程传输带宽为 0.8GB/s，仅能达到单边原语带宽的 12.5%。以异步方式传输数据可以一定程度上提升带宽，但数据包的无序传输将导致软件设计更加复杂。

基于动态链接传输技术。近年来，新一代迈洛斯网卡引入了动态链接传输技术（Dynamic Connected Transport，DCT）来提升可靠连接数据传输的扩展性[78]。DCT 通过在网络连接之间进行状态共享来实现高可扩展性。在每次数据传输时，DCT 首先向接收方发送内联的消息来创建临时的连接句柄，每当切换到另一个连接时，该句柄将被销毁。上述方法可以有效地限制状态信息的数量，然而，DCT 引入的内联消息几乎可以使网络数据包的总数量增加 1 倍，相关论文还表明 DCT 在 RC 模式下造成的额外延迟为 100ns~3μs。

基于新一代网卡。迈洛斯的最新一代 ConnectX-5 和 ConnectX-6 网卡均配备了更大的缓存空间以提高可扩展性。然而，Kalia 等人[79] 发现当连接数增加到 5 000 时，它们的吞吐率几乎下降了一半，DrTM-H[41] 也报告了类似的实验结果。由于 RDMA 网卡采用了无内存架构，因此网卡硬件的改进并不能使扩展性问题得到很好的解决。

4.3 ScaleRPC 架构设计

4.3.1 总体描述

如图 4-4 所示，ScaleRPC 通过两种途径提升 RDMA 的扩展性。一方面，连接分组机制可在向外发送单边写请求（出站）时降低对网卡缓存的争用。通过将客户端划分到不同的组，服务端在单位时间内仅需服务有限数量的网络连接，从而提升客户端访问局部性，最大化利用网卡缓存空间。另一方面，虚拟映射机制可在接收单边写请求（入站）时最大化利用 CPU 缓存空间。通过将同一物理消息池虚拟为多个逻辑消息池，多组客户端可以使用不同的逻辑消息池，同时共用同一物理消息池。因此，消息池的内存空间开销大幅降低。为降低相邻组在切换过程中的开销，ScaleRPC 还允许下一组

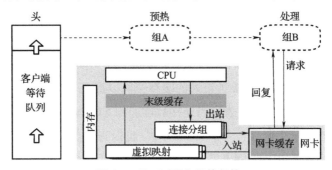

图 4-4 ScaleRPC 总体架构

客户端提前进行预热，以实现两组客户端的无缝切换。

在 ScaleRPC 中，RPC 的发起者称作客户端，而处理 RPC 请求的一侧则称作服务端。服务端启动之后，首先分配并注册内存，该内存区域用作存放客户端请求的消息池。为降低网卡映射表的存储开销，ScaleRPC 从操作系统分配 2MB 大页内存。该消息池被切分为连续的消息区，而每个消息区被进一步切分为消息块。其中，消息块的大小决定了单次网络请求可携带数据量的最大限度。不同的客户端被映射到不同的消息区，客户端可将消息数据直接写到服务端对应的消息区内以完成请求的发送。与此同时，服务端还开启了多个工作线程并行处理客户端请求，其中不同工作线程绑定到了不同的消息区，每个工作线程仅轮询扫描各自的消息区。当扫描到新写入的消息后，工作线程触发相应的请求处理函数，并通过单边写原语向客户端返回响应信息。ScaleRPC 的消息格式采用右对齐方式，每个消息依次包括数据区、数据大小和有效位，其中，有效位放置在每个消息的高地址位。由于 RDMA 网卡在写主机内存时是按照地址升序方向依次将数据写入的，因此，一旦有效位发生改变，则低地址区域的数据已经写入完毕，服务端工作线程可以轮询扫描有效位来判定新的消息是否已经完整到达。

4.3.2　连接分组

ScaleRPC 通过连接分组机制缓解客户端对服务端网卡缓

存的争用。客户端在发起 RPC 请求之前，需要先与服务端建立连接并注册客户端信息，此时，服务端将新接入的客户端分配到对应的客户端组，而工作线程则以时间片轮询的方式来服务各组。通过分组调度策略，不同组的客户端按照时间片顺序被严格隔开，来自同一组的客户端可以在某一时间片内向服务端发起请求，而在其他时间片则被强制保持静默。因此，在任何一个时刻至多只有一组客户端可以向服务端发送请求，从而有效缓解对网卡缓存的争用。

基于优先级的调度器。在真实应用中，不同客户端向服务端发起请求的频率不同，且这种行为随着时间变化而变化，简单的静态分组策略很难应用到真实场景中。为此，ScaleRPC 引入了一种基于优先级的调度器实时监控各客户端的访问行为，并根据这些信息动态调整组大小及时间片大小。在客户端接入时，服务端会在该客户端每一次发起请求时标记其访问频率 T 和每次请求所携带的数据量大小 S。此时，该客户端的优先级将被标定为 T/S。据式可得，优先级更高的客户端往往更加频繁地发送请求，且请求的数据量更小。调度器将按照优先级对客户端进行排序，并将优先级接近的客户端放置到同一组。其中，高优先级组容纳的客户端数量较少，占用的时间片更长；低优先级组容量更大，但时间片较短。这种分组方式优先将时间片分配给忙碌的客户端，而实现对网络及工作线程资源更充分的利用。另外，客户端还会动态接入或登出，因此该调度器还将自动调整分组大小，通过分裂、合并等方式适应动态变化的客户端数量。

　　值得注意的是，客户端组大小的设置对 ScaleRPC 的性能影响极大。当组大小设置过小时，当前时间片服务的客户端数量将不足以充分使用网络硬件带宽，从而导致硬件资源浪费；当组大小设置过大时，将导致网卡缓存资源紧张，从而出现扩展性问题。因此，设置适当的组大小将有效平衡网卡缓存的利用率。在实现过程中，客户端组大小的设置由两方面共同决定：一方面，CPU 和网卡硬件资源的处理能力决定了组大小的静态值；另一方面，调度策略将依据客户端的具体访问行为围绕该静态配置进行动态调整。

4.3.3　虚拟映射

　　CPU 缓存资源的争用是导致 RDMA 通信扩展性差的另一个因素，其直接影响入站原语的扩展性。ScaleRPC 通过引入虚拟映射机制降低内存开销，进而缓和 CPU 缓存争用现象。

　　在分组机制中，仅当前组的客户端被允许将请求发送到服务端，因此，ScaleRPC 可以分配恰好够一组的客户端访问所需的消息池，而多组客户端则可以在不同时间片共享同一组物理内存空间。如图 4-5 所示，单个物理消息池被虚拟化为多个逻辑消息池，每个逻辑消息池用于和一组客户端进行 RDMA 通信，单个物理消息池将为所有的客户端提供服务。由于请求处理完成之后内存池中的消息将不再有用，因此 ScaleRPC 可以利用这一属性，使得物理消息池能够在不同客户端组之间共享，而无须重置内存中存储的数据。

现场切换。为实现虚拟映射机制，每个逻辑消息池都需要维护其对应的现场元数据，具体包括当前消息池中的客户端 ID、各客户端在消息池中的位置及优先级等。这些元数据需要在每个时间片结束之前由调度器进行保存和恢复。具体而言，在切换至下一个组之前，调度器需要通知各工作线程迅速处理完毕当前残余的请求，并在返回信息中增加 context_switch_event 字段，告知客户端等待下一个时间片再发送消息。若当前组某些客户端此时并不存在残余请求，则工作线程还需发送一个额外的单边写原语主动通知这一现场切换事件。实际测试中发现，在高并发场景下主动通知客户端引入的网络开销极低（0.01%），对整体性能影响不大。一旦所有残留的请求均处理完毕，调度器便可恢复下一组客户端，并通知工作线程开始处理请求。

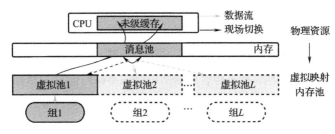

图 4-5　服务端消息池虚拟映射机制示意图

请求预热。两组客户端之间完成现场切换通常会造成一定的时间间隔，这会使服务端工作线程空闲一段时间，从而影响系统总体性能。为此，ScaleRPC 引入了请求预热机制来解决此问题。如图 4-6 所示，ScaleRPC 引入了一个预热池和一组状态位以保证预热过程的正常进行。其中，分配给每个客户端的状态位包含 10B 空间，用于帮助客户端进行状态切换。

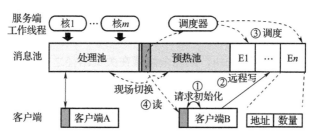

图 4-6　消息预热及处理机制示意图

下文展示一个客户端从等待服务、预热到最终得到响应的全过程。首先，客户端与服务端建立连接之后便进入预热状态。这期间，客户端需要发送的请求可以在本地进行初始化（步骤①），并将其位置信息及请求数量通过单边写原语发送到对应的状态位里（步骤②）。服务端调度器将扫描状态位，并根据调度策略选取合适的客户端形成预热组（步骤③）。紧接着，调度器将根据状态单元中的位置信息主动将客户端请求通过单边读原语读取到预热池的对应位置（步骤④）。在时间片结束前，现场切换事件触发，预热池切换为消息处理池，而之前的消息处理池则切换成预热池，用于预热下一组客户端。进入下一个时间片时，工作线程便可以从新的消息处理池内扫描新请求，并做出相应处理。当处于预热状态的客户端第一次得到服务端响应时，可将自身状态切换至活跃状态，此时，客户端可以直接将新的请求通过单边写原语发送到消息处理池。当客户端接收到 context_switch _event 信号后，则主动切换至空闲状态，并通过重复步骤①开始下一轮预热过程。

预热池可以使服务器工作线程以流水线的方式处理请求，而现场切换的执行则完全隐藏在关键路径之外。通过使用虚拟映射机制，所有客户端可以共享同一物理消息池。因此，理论上 ScaleRPC 可以支持无限数量的客户端。

4.3.4　ScaleRPC 部署的几点考虑

ScaleRPC 要求客户端之间不能进行额外的同步操作。事实上，在基于 C/S 处理模型的分布式系统中，客户端之间很少发生类似的同步操作。另外，ScaleRPC 需要客户端和服务端之间协同工作才能使得上述工作机制顺利进行。为此，ScaleRPC 提供了一套易于使用的 API，详见表 4-1。其中，两个异步接口（即 AsyncCall 和 PollCompletion）用于帮助客户端批量地发送多个请求。通过这套接口，ScaleRPC 可以无缝对接到现有的遵循"一对多"通信场景的分布式系统中。当需要访问多个服务端时（例如分布式事务系统），ScaleRPC 还需提供额外的时钟同步机制使得系统能够正常运行（详见 4.6 节）。

表 4-1　ScaleRPC 提供的访问接口

接口名称	描述
SyncCall()	客户端发起 RPC 请求，并同步等待返回结果
AsyncCall()	客户端发起 RPC 请求后直接返回
PollCompletion()	同步等待返回结果

　　ScaleRPC 的连接分组机制可以有效提升扩展性，并在高并发场景下降低平均时延，但同时也会造成最大时延升高。实验发现，基于不可靠连接的 RPC（例如 FaSST[43]、HERD[35]）的尾延迟也很高。例如，在同时服务 120 个客户端时，FaSST 的最大时延高达 $367\mu s$，该时延甚至比 ScaleRPC 的时延还高。另外，执行时间长的 RPC 请求可能在现场切换发生之前并未被执行完，从而导致现场切换出现异常。为了解决此问题，工作线程会记录这类请求的相关信息，并在后续执行过程中将这类请求交由单独的线程进行处理。

4.4　实验和性能评估

　　本节将测试 ScaleRPC 的综合性能以及 ScaleRPC 各项设计带来的效果。

4.4.1　实验环境设置

　　实验平台。本测试集群包含 12 个服务器节点，每个节点配备了两个 2.2GHz Intel Xeon E5-2650 v4 处理器（总共 24

个物理核）和 128GB 内存，所有服务器都安装了 CentOS 7.4
操作系统，并使用 MCX353A ConnectX-3FDR 网卡（可运行
56Gbit/s 的 InfiniBand 或 40GbE）互连，交换机型号为迈洛斯
SX-1012。为了测试 ScaleRPC 在大规模场景下的性能，实验
使用了 Boost C++提供的协程库（coroutine）模拟大量客户
端：在客户端服务器中，每个线程创建多个协程，然后每个
协程启动 1 个客户端实例。工作线程循环调度这些协程，每
当一个协程使用异步 API 发起一批请求后，工作线程便切换
至下一个协程；每当请求的响应信息返回之后，该协程便可
以发送下一批请求。客户端单次网络请求发起的请求数量被
称作批量尺寸（Batch Size，BS）。在测试 ScaleRPC 的性能
时，实验选取了其中一个节点作为服务端，其余的 11 个服
务器用于运行客户端。

对比系统。本实验将 ScaleRPC 与三种基于 RDMA 的
RPC 原语进行了比较（如表 4-2 所示）。其中，RawWrite 是
ScaleRPC 的基准版本，它使用单边写原语收发消息，但禁用
了所有优化（与 FaRMRPC[15] 类似）；HERDRPC[35] 使用
UC 单边写原语向服务端发送请求消息，服务器使用 UD 的双
边原语发送响应消息。FaSSTRPC[43] 的请求和响应消息均使
用 UD 双边原语发送。实验中，ScaleRPC 的默认时间片和组
大小分别设置为 100μs 和 40，消息池被格式化为连续的 4KB
消息块。

表 4-2 ScaleRPC 的对比系统描述

系统名称	描述
RawWrite RPC	基准系统，通过 RC 单边写原语收发消息
HERDRPC[35]	UC 单边写原语发送请求，UD 双边原语返回响应信息
FaSSTRPC[43]	通过 UD 双边原语收发消息

4.4.2 总体性能评估

本节首先测试 ScaleRPC 的吞吐率和时延表现，默认的消息大小为 32B。

吞吐率。图 4-7 包含两种配置下的吞吐率结果。一种配置是将客户端线程数量从 40 个上升至 400 个，并将这些客户端均匀分摊到 11 个客户端服务器（如图 4-7a 所示）；另一种配置是将物理客户端服务器的数量从 1 个增加至 5 个，且每个客户端服务器运行的客户端线程数为 40 个（如图 4-7b 所示）。从图中可得出以下观察结果：

1）从图 4-7a 可以观察到，ScaleRPC 与 FaSST 的扩展性接近，并且吞吐率明显高于 RawWrite。由于 RC 模式下硬件资源出现严重争用，因此 RawWrite 的性能在客户端数量上升之后出现明显下降，此现象已在前文中进行了详细分析。HERDRPC 比 RawWrite 的扩展性好，但是当客户端数量进一步变多时，其性能仍然会下降。这主要是由于 HERDRPC 的消息池采用静态映射的方式，当客户端数量增加时，消息池无法完全驻留在 CPU 缓存中，从而引起 CPU 缓存争用，影

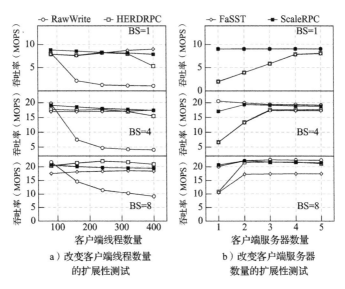

图 4-7 不同 RPC 原语的吞吐率比较

响整体性能。FaSST 使用 UD 发送消息，不需要为每个客户端创建独立的 QP，此外，由于传入请求的存放地址完全由 FaSST 服务端确定，因此 FaSST 不需要为不同的客户端创建单独的消息存放区。通过这种设计，FaSST 可以在客户端数量变多时依旧表现出稳定的吞吐率。相比之下，使用 RC 原语的 ScaleRPC 具有与 FaSST 相似的扩展性，当客户端数量从 40 个增加到 400 个时，其性能几乎保持不变。

2）与 FaSST 和 HERDRPC 相比，ScaleRPC 和 RawWrite 能够在有限的服务器内更充分地利用 RDMA 硬件带宽。如图 4-7b 所示，当批量尺寸为 1 时，FaSST 和 HERDRPC 需要将客户端线程分派给至少 4 个物理客户端服务器才能使其吞吐率达到饱和；而 ScaleRPC 和 RawWrite 最多只需要 2 个物理客户端服务器便可达到峰值吞吐率。分析发现，基于 UD 的 RPC 原语中，客户端为了接收响应信息，需要预先向网卡发送 recv 请求，并使用 ibv_poll_cq 接口反复查询响应消息，这种工作模式下 CPU 可能成为瓶颈[⊖]。因此，基于 RC 的 RPC 原语在利用硬件带宽方面更高效。

　　延迟分布曲线。图 4-8 显示了在 120 个客户端情况下各类 RPC 系统的延迟累积分布，表 4-3 还同时统计了对应的中位数、平均及最大延迟。在测试延迟时，实验分别记录了发送每批请求的开始时间 T_1，该批处理所有响应消息返回时的结束时间 T_2，以及每批请求的时延 $T_2 - T_1$。经分析得出以下结论：

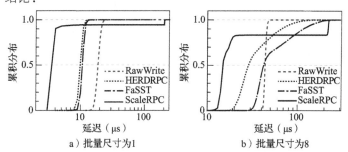

a）批量尺寸为1　　　　b）批量尺寸为8

图 4-8　不同 RPC 原语的延迟分布曲线

表 4-3 不同 RPC 原语的延迟分布及对应吞吐率

类型	RawWrite HERDRPC FaSST ScaleRPC 批量尺寸为 1				RawWrite HERDRPC FaSST ScaleRPC 批量尺寸为 8			
中位数延迟/μs	19	10	11	4	44	29	42	15
平均延迟/μs	19.7	15.8	15.8	13.5	52.0	45.3	53.6	46.9
最大延迟/μs	25	16	19	**217**	57	187	**367**	**230**
吞吐率（MOPS）	6.1	7.7	7.7	8.9	18.5	21.2	17.7	20.5

1）基于连接分组的调度策略使得 ScaleRPC 的延迟呈现双峰分布特征，而其他 RPC 的延迟分布则更加平滑。ScaleRPC 能够保证其大多数请求在极低时延内得到响应，例如，在批量尺寸为 1 时中位数延迟仅为 4μs，相比之下，RawWrite、HERDRPC 和 FaSST 在批量尺寸为 1 时的中位数延迟分别为 19μs、10μs 和 11μs。另外，HERDRPC 和 FaSST 的延迟分布范围较广，其请求响应时延分布在 20μs 至 200μs 之间。

2）当批量尺寸为 1 时，虽然 ScaleRPC 相比于其他 RPC 系统提供了更高的吞吐率，但其尾延迟更高，这主要是因为在批量请求较小时网络带宽并未完全饱和，而分组机制引入的额外等待时间将造成高尾时延。

3）在并发度较高时（例如批量尺寸为 8 时），ScaleRPC 和基于 UD 的 RPC 原语的最大延迟很接近。不难理解，ScaleRPC 的时间片大小及组数决定了其最大延迟，但实验发现 HERDRPC 和 FaSST 这类基于 UD 的 RPC 同样具有较宽的延迟分布范围，并且其尾部延迟甚至高于 ScaleRPC。

综上所述，ScaleRPC 可实现与不可靠连接类似的扩展性，并且在利用硬件带宽方面更为有效；同时，ScaleRPC 中大多数请求的响应延迟较低，并且其最大延迟与不可靠连接模式保持相近水平。

4.4.3　内部优化机制分析

为了帮助理解 ScaleRPC 的各项设计带来的效果，本节通过英特尔提供的处理器计数器监视器（Performance Counter-Monitor，PCM[80]）收集了硬件层面的相关指标进行进一步分析，这些硬件计数器具体包含以下几种：

- PCIeRdCur 代指 PCIe 设备从内存读取数据块的次数。
- RFO 代指从 PCIe 设备写入内存的不完整数据块总数。
- ItoM 代指从 PCIe 设备写入内存的完整数据块总数。
- PCIeItoM [⊖] 代指从 PCIe 设备将数据写入内存时使用访问时分配操作的次数。

连接分组的效果分析。图 4-9 展示了 RawWrite 和 ScaleR-PC 的吞吐率及相关硬件计数器的变化趋势。从图 4-9a 中可以看到，当客户端数量超过 40 个时，RawWrite 的 PCIeRdCur 计数器急剧增加至超过 200MOPS。这表明当客户端数量超过 40 个时，网卡缓存中出现严重抖动，造成大量的额外 PCIe

---

⊖　仅英特尔早期 CPU 支持该计数器，因此，本实验中服务器运行在 v2 CPU 实验平台上。

读取操作。由于网卡缓存无法保存所有客户端的 QP 状态及
WQE，因此部分内容将被驱逐到主存中，一旦发生网卡缓存
缺失，均会导致额外的 PCIe 读取操作。当客户端数量为 150
时，PCIeRdCur 计数器再次下降，然而，RawWrite 性能仍然
很差，这是因为访问时分配操作的频率很高（PCIeItoM 较
高，后文将进一步解释），从而导致其性能降低。相比之下，
PCIeRdCur 计数器与 ScaleRPC 的吞吐率几乎保持同步变化。

　　虚拟映射的效果分析。从图 4-9 中还可以发现，PCIeIt-
oM 计数器在 RawWrite 和 ScaleRPC 中的变化趋势差异较大。
在运行 RawWrite 时，随着客户端数量的增加，PCIeItoM 计数
器也会增加。这是因为更多的客户端需要分配更大的消息
池，所以消息池无法被完全缓存到 CPU 末级缓存，缓存缺失
率上升。相比之下，ScaleRPC 的虚拟映射技术使单个物理消
息池在多个客户端组之间共享使用，单个物理消息池降低了
数据从 CPU 缓存中逐出的机会，从而减少了访问时分配操作

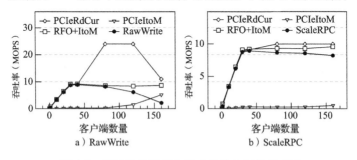

图 4-9　硬件性能计数与相应优化机制的关系图

的数量。ScaleRPC 对应的 PCIeItoM 计数器始终保持在较低水平。

4.4.4 敏感性分析

如前文所述，客户端组大小和时间片大小由网卡和 CPU 的缓存大小以及处理能力决定。因此，本实验详细分析了在倾斜和非倾斜负载下的参数设置。

非倾斜负载下的参数设置。该负载下，各客户端持续发送 32B 请求至服务端，实验通过改变组大小及时间片大小确定最佳客户端组大小及时间片大小。

首先，实验通过改变时间片长度测试 80 个客户端的总吞吐率（组大小为 40，批量尺寸为 1）来探测最佳的时间片大小。如图 4-10a 所示，ScaleRPC 的吞吐率随着时间片长度变大而上升；当时间片长度从 $30\mu s$ 增加到 $250\mu s$ 时，吞吐率从 7.6MOPS 上升到 8.9MOPS。在使用较小时间片时，频繁的现场切换会产生较多的现场切换开销，同时，现场切换还将产生额外的超时通知，造成额外的网络开销，从而影响其性能。使用较大的时间片有助于提升吞吐率，但这也会影响 ScaleRPC 的尾延迟。综合考虑上述因素，本实验选取 $100\mu s$ 作为默认时间片长度，从而可以很好地在吞吐率和时延之间进行平衡。

其次，为获取理想的客户端组大小，实验将组大小从 20 增加至 70，并固定使用两组客户端访问服务端。图 4-10b 显

示了不同组大小设置下的吞吐率，可以观察出，ScaleRPC 的
吞吐率随着组大小的增加而呈现先增后降的趋势。当组大小
为 10 时，ScaleRPC 的吞吐率仅能达到 5.7MOPS，这主要是
因为客户端的数量太少，无法使 RDMA 的网络带宽饱和。而
组内客户端数量过多时，ScaleRPC 的吞吐率又会下降，这是
因为客户端数量过多导致 CPU 缓存和网卡缓存中资源争用变
得更加严重。因此，本实验平台默认组大小设置为 40。

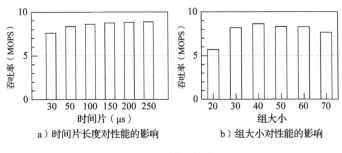

a）时间片长度对性能的影响　　b）组大小对性能的影响

图 4-10　敏感性分析

倾斜负载下的参数动态设置。除硬件因素外，组大小和
时间片大小还受客户端的行为影响。基于优先级的调度器用
于感知不同客户端的访问行为，并动态改变组大小及时间片
长度，本实验通过测量倾斜负载下 ScaleRPC 的吞吐率以显示
调度器的效果。为便于比较，本实验还基于 ScaleRPC 实现了
静态分组模式，其组大小和时间片均保持固定的数量。为了
模拟倾斜负载中客户端的访问频率分布，实验在每个客户端
发送下一个请求之前为其注入额外的延迟，且不同客户端注

入的延迟遵循高斯分布（参数值分别设置为 0.8 和 1）。通过
优先级调度器进行动态调度之后，具有较高访问频率的客户
端将被组织到同一组中，并共享更大的时间片。实验表明，
动态模式的性能相比于静态模式提升了 9% 至 10%。

4.5　ScaleRPC 在真实场景下的应用

本节进一步地将 ScaleRPC 应用到分布式文件系统的元数
据服务和分布式事务系统进行网络传输加速。特别地，本章
配合使用单边原语及 ScaleRPC 重新设计了分布式事务系统
ScaleTX，重新平衡了协调者和参与者之间的网络负载。

4.5.1　基于 ScaleRPC 的分布式文件系统

一个典型的分布式文件系统由单个元数据服务器和多个
数据服务器组成（例如 HDFS 等），其中心化的元数据服务
器极容易成为性能瓶颈。Octopus[16] 是一个基于 RDMA 和
PM 的高效分布式文件系统，它通过引入分布式共享持久性
内存池重构了存储软件栈，从而降低了内存复制造成的额外
开销；同时，它还引入了用于访问元数据的远程过程调用
selfRPC，selfRPC 使用携带立即数的单边写原语 write-imm 发
送请求，服务端线程可以直接使用立即数携带的信息定位新
消息，而无须扫描整个消息池。本节将使用 ScaleRPC 替换
Octopus 的 RPC 模块，以展示其在真实系统中的性能表现。

该实验使用 mdtest 测试工具评估元数据性能。

图 4-11 展示了在不同客户端数量下 Octopus 分别使用 selfRPC 和 ScaleRPC 时的元数据性能。本实验没有与 HERD 及 FaSST 进行对比，主要是因为它们均使用不可靠传输模式，其最大报文仅为 4KB，无法满足 MDS 的元数据传输需求。观察可见，ScaleRPC 在传输更新类元数据操作（例如 mknod 和 rmnod）时的性能优势并不明显（略高 5%~6.5%），这是因为 mknod 和 rmnod 操作都需要文件系统进行更复杂的处理，文件系统本身的软件开销较大，而网络层造成的性能影响并不明显。对于 stat 和 readdir 这类只读型元数据操作，随着客户端数量从 80 个增至 120 个，ScaleRPC 相比于 selfRPC 性能提升平均达 50% 和 90%。由于文件系统处理只读型元数据操作时引入的软件开销可忽略不计，因此 ScaleRPC 的可扩展性优势决定了系统的整体性能。总结来说，ScaleRPC 可以很好地支持文件系统的可靠变长数据传

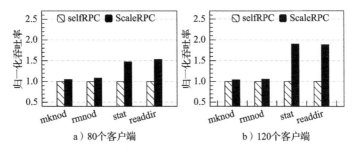

a）80个客户端　　　　b）120个客户端

图 4-11　基于 ScaleRPC 的分布式文件系统元数据处理性能

输，并同时提供高性能和高可扩展性。

4.5.2　基于 ScaleRPC 的分布式事务系统

本节基于 ScaleRPC 实现了名为 ScaleTX 的分布式事务系统。ScaleTX 由协调者和参与者两部分组成，其中协调者由各客户端担任，负责发起和协调事务，参与者则存储事务所需访问的数据，并在事务处理过程中做出响应。ScaleTX 将数据存储在一个基于哈希索引的键值存储系统中，可支持对多个键值对进行增删改查，并同时确保可串行性。本实验部署了 3 台服务器（参与者）用于存储键值数据，同时，这 3 台服务器还作为 RPC 服务端处理客户端（即协调器）的事务请求。

4.5.2.1　时钟同步

由于 ScaleRPC 用于解决"一对多"网络通信场景的扩展性问题，因此无法被直接应用到"多对多"通信场景。在事务运行过程中，客户端在执行某事务时可能需要同时访问存放于多个存储服务器的多条数据。在该部署场景下，ScaleRPC 中的服务端彼此独立运行，将以不同的步调调度各客户端组，这将导致客户端在其中一个服务端处于活跃状态，而在另一服务端中处于空闲状态。若不在多个服务端之间进行时钟同步，则客户端执行事务逻辑时可能会一直处于阻塞状态。

ScaleTX 通过类似 NTP 的时钟协议同步多个服务端节点，使这些服务端节点以相同的步调切换不同的客户端组，从而保证每一个客户端在所有服务端节点均处于相同状态。在初始化阶段，其中的某一个 RPC 服务端节点被选举为时间服务器，而其他的服务端节点则成为从节点，并需要定期向时间服务器发送同步消息进行时钟同步。当时间服务器搜集到来自所有节点的同步请求之后，再向这些节点同时发送同步响应消息。如图 4-12 所示，在发送或接受同步消息时，从节点和时间服务器分别记录当前时间 T_{i1} 和 T_{i2}，而发送和接受同步响应消息时的时间则分别记录为 T_3 和 T_{i4}。在时间服务器返回同步响应消息时，时间偏差 $T_3\text{-}T_{i2}$ 也包含到该消息中（记录为 ΔT_i）。经过一次完整同步请求及响应，时间服务器和从节点分别需要在现场切换前睡眠一定时间，时长分别为 D 和 D_i，其中，D 为提前设定的时间，而 $D_i = D-(T_{i4}-T_{i1}-\Delta T_i)/2$。上述同步机制可以迫使所有节点按照同样的步调切换客户端组。同步事件每 100ms 触发一次，对总体性能影响极小。

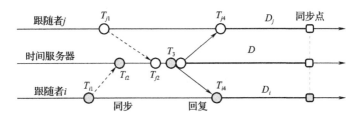

图 4-12　服务端节点间时间同步协议

ScaleTX 使用乐观并发控制协议保证事务的可串行性，并使用两阶段提交协议保证提交过程的原子性。ScaleTX 还进一步引入了单边原语进行加速。如图 4-13 所示，RPC 客户端担任协调者，RPC 服务端用于存储键值数据，同时还担任事务执行的参与者。由一个事务所需读取的数据组成的集合称作读集，而由写入的数据组成的集合称作写集。例如，图 4-13 的读集包括 r_1 和 r_2，而写集包括 w_1。

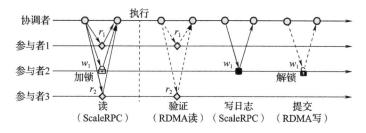

图 4-13 ScaleTX 事务处理执行流程

4.5.2.2 事务执行逻辑

1）**执行阶段**：协调者通过 ScaleRPC 将需要读取和写入的键值对从相关参与者节点读取到本地。参与者收到请求时将需要写入的数据项加锁，同时，在返回数据的时候，数据项对应的地址也将返回给协调者。

2）**验证阶段**：协调者首先验证读集中所有数据项的版本是否发生变化。该步骤通过向对应参与者发送 RDMA 单边读原语实现，全程无须参与者介入。如果任何读集中的数据项版本发生变化，则直接中止当前事务并回滚重做。

3）**提交阶段**：如果验证阶段成功，则事务进入提交阶段。首先，协调者将更新数据项的日志通过 ScaleRPC 发送到对应的参与者节点。此后，协调者通过 RDMA 的单边写原语直接更新参与者存储的数据项。与此同时，执行阶段获取的锁字段也通过单边写原语进行归零释放。

ScaleTX 在验证阶段和提交阶段分别使用了 RDMA 单边读原语和写原语，并未直接发送 RPC 请求。这种设计具有如下好处：①ScaleTX 继承了 ScaleRPC 的高可扩展性；②ScaleTX 通过单边原语将事务执行逻辑部分卸载至协调者，而参与者 CPU 无须直接介入，在节省 CPU 资源的同时降低了网络往返次数，从而进一步提升了整体性能。

4.5.2.3 ScaleTX 实验评测

本实验使用两种基准测试程序，分别为读密集型对象存储服务和写密集型基准测试程序 SmallBank[81]。作为对比，RawWrite RPC、HERD RPC、FaSST RPC 也部署到 ScaleTX 中用于网络传输。需要注意的是，由于基于不可靠连接的 RPC 无法支持单边读写原语，因此 ScaleTX 中的验证阶段及提交阶段均使用 RPC 进行交互。为简化标记，基于上述 RPC 构建的事务处理系统分别被称作 RawWrite、HERD、FaSST 和 ScaleTX-O（即移除 ScaleTX 中的单边原语优化）。

对象存储。对象存储生成的负载中，每一个事务包含由 r 个数据项构成的读集及 w 个数据项构成的写集，对应数据项的 key 均通过随机算法生成，该事务通过（r, w）进行标记。相关实验结果如图 4-14a 和图 4-14b 所示，并可得出以下实验结论。

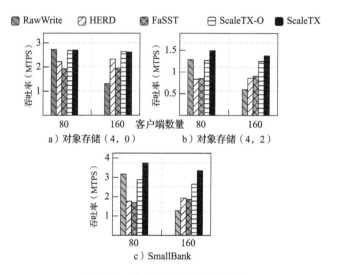

图 4-14　ScaleTX 事务处理性能

首先，在 80 个客户端情况下，HERD 和 FaSST 的性能最差。这主要是因为客户端服务器的数量有限，无法达到不可靠连接情况下的理论最高吞吐率。使用 RawWrite 的事务在 80 个客户端情况下拥有最高的吞吐率，但是当客户端数量增加到 160 个时，其吞吐率平均下降了 56%，这主要是因为 RawWrite RPC 的扩展性较差。ScaleTX 在客户端数量由少变多的过程中均实现了最高的吞吐率，展现出良好的扩展性。

其次，在处理只读事务时（如图 4-14a），ScaleTX 与

ScaleTX-O 的吞吐率相同，这主要是因为发送单边原语并不会降低网络数据包的总量，但在低并发场景下，单边原语仍可以将执行延迟降低 15%（图中未显示）。

最后，在处理读写事务时（如图 4-14b），ScaleTX 在 160 个客户端情况下的性能相比于 RawWrite、HERD、FaSST、ScaleTX-O 分别高出 131%、60%、51%、10%。以上性能提升主要源于以下两方面：首先，ScaleRPC 的高可扩展性保证了 ScaleTX 在高并发场景下性能不下降；其次，通过在多个阶段增加单边原语优化，事务执行逻辑卸载到了协调者一侧，服务端 CPU 可以支持更高的并发度。

SmallBank。SmallBank 是一种 OLTP 基准测试程序，其模拟了写密集型银行账户交易场景，其中更新事务占 85%。运行 SmallBank 需要预先为每个服务器加载 100 万个银行账户，并让 60% 的事务访问总账户的 4% 部分。从图 4-14c 中可以发现 ScaleTX 的性能最佳，在 80 个客户端的情况下，其性能分别比 RawWrite、HERD、FaSST 和 ScaleTX-O 高出 18%、112%、120% 和 30%；在 160 个客户端场景下，其性能分别高出 160%、73%、79% 和 26%。这些实验结果同时反映了 ScaleRPC 的高可扩展性和 ScaleTX 的高效率。同时还注意到，与对象存储相比，ScaleTX 和 ScaleTX-O 之间的性能差距有所增加。这是因为 SmallBank 是写密集型应用，具有更大的写集，所以其使用到的单边写原语越多，带来的性能提升也就越明显。在事务提交阶段，其他四个事务系统都必须发送同步的 RPC 请求来提交事务，而 ScaleTX 只需要异步地发送一个单边原语。这也证明，通过基于 RDMA 可靠连接的单边原语重新设计轻量级事务处理协议，加速写密集型事务的意义重大，而 ScaleRPC 正好提供了很好的语义支撑。

4.6　本章小结

远程过程调用 RPC 系统作为节点间交互的一种简单而通用的方法，已被现有的分布式系统广泛采用。本章通过提供基于 RDMA 的可扩展 RPC 原语来综合提升 RDMA 的可扩展性，任何具有"一对多"消息传递模式的现有软件系统都可以无缝移植到 ScaleRPC 之上。ScaleRPC 选择 RC 通信模式出自以下几个方面的考虑：首先，RC 支持单次发送多达 2GB 的数据，这满足了在实际应用中发送可变长度网络数据包的需求；其次，基于 RC 连接的原语比 UD 性能更高，这是因为单边原语读取或写入远端内存时接收方 CPU 无须参与；最后，可靠连接能够允许编程者同时使用 RPC 原语和单边原语，例如，本章结合单边原语和 RPC 实现了事务处理系统 ScaleTX，从而提供了更高的性能。

与本章成果对应的学术论文发表在 2019 年的欧洲顶级系统学术会议 EuroSys（The 14th European System Conference）上。该研究成果自发表至今，被引用 18 次（根据 Google Scholar 统计数据显示）。

第 5 章

Plor：融合悲观锁与乐观读的并发控制协议

5.1 概述

随着数据中心业务的需求急剧增长，电子商务、机器翻译、社交网络等新型数据密集型应用必须在支撑高吞吐率的同时满足用户服务目标（Service Level Objective，SLO），而这些目标通常被定义为尾延迟（例如 99% 尾延迟等）[55,82]。为了满足高吞吐率的目标，大多数云服务会选择在大规模数据中心中部署数百个数据服务（例如内存事务系统/NoSQL 数据库、键值存储、图存储等），并将关键数据直接存放在内存中。在这样的架构下，这些应用程序通常需要将来自客户端的请求发送到数百个数据服务进行请求处理，从而展现出"高扇出"的特点，并且必须等待最后一个数据服务返回之后才能最终响应客户端请求。因此，数据服务的用户服务目标必须充分考虑尾部时延。近年来，相继有研究工作尝试降低操作系统中各层次造成的尾时延问题，例如微秒级核心调度[56,83-85]、队列管理[86]、尾延迟感知的缓存机制[87] 等。

　　然而，尽管有关尾延迟的问题已经受到研究人员的长期关注，但对请求冲突如何影响数据服务的尾延迟这一问题的研究极少。为了回答这一问题，本章研究了多核内存事务处理系统这一重要的数据服务在尾延迟方面的具体表现。考虑到并发控制协议对事务系统的整体性能有决定性影响，本章详细分析了乐观并发控制（Optimistic Concurrency Control，OCC）和悲观两阶段锁（two-Phase Locking，2PL）这两类代表性并发控制协议。本章仅考虑可串行化隔离级别（serializability），这是典型应用程序的标准隔离级别[88]。

　　OCC 是并发控制协议中的一种极端手段，其假定事务之间的冲突概率很低，因此 OCC 仅在提交阶段检测事务冲突，从而有效降低锁开销，并在多核服务器上具有良好的扩展性。此外，内存事务的执行时间通常很短暂，即使在高中止率的情况下其性能表现依旧优秀。基于上述考虑，最近的内存事务系统基本都采用了乐观并发控制协议以提供高性能，例如 SILO[89]、FOEDUS[90]、MOCC[91]，以及基于时间戳排序的并发控制协议 Cicada[92]、TicToc[93] 等。并发控制协议的另一个极端是 2PL，它要求事务在访问数据之前提前锁定数据项。由于 2PL 锁定时间长，且读操作也需要加锁，因此其性能往往不如 OCC。然而，实验分析发现，在运行 YCSB-A 负载（高冲突，读写比例为 1∶1）时，某些 2PL 的变种

（例如 WOUND_WAIT）显示出的 99.9%尾延迟降低至 OCC 的 $1/12 \sim 1/20$。

经分析发现，这些并发控制协议的尾延迟和吞吐率受不同因素的影响。对于尾延迟而言，分析发现延迟很高的事务通常会中止很多次。WOUND_WAIT 在处理冲突事务时能够确保始终优先提交更早开始的事务（即具有更小时间戳的事务），而中止后重启的事务由于仍然使用旧的时间戳，因此具有更高的提交优先级。进而，WOUND_WAIT 通过防止已经中止过的事务再次中止来提供低尾延迟。当然，这种设计不可避免地会牺牲其非尾延迟，例如中位数延迟等。对于吞吐率而言，由于 2PL 在发生事务冲突时会引入不必要的阻塞和锁开销，因此其效率更低。

基于以上观察，本章发现将乐观与悲观并发控制协议进行适当的组合，并设计一个新的并发控制协议可以在确保事务可串行性的同时提供高吞吐率和低尾延迟。为此，本章提出了一种融合悲观锁和乐观读的混合并发控制协议 Plor，用以同时实现极低的尾延迟和高吞吐率。Plor 的核心思想包括以下两个层面：首先，事务在从数据库中访问数据之前需要提前获取锁（即悲观锁）；其次，Plor 允许事务忽略锁冲突，在不被阻塞的情况下直接读取数据（即乐观读），从而消除了不必要的阻塞开销，并充分发挥潜在的并发性。在提交阶段，Plor 再利用在悲观锁阶段获取的锁中的时间戳检测并解决冲突，确保始终优先提交老旧的事务，进而降低尾延迟。

　　进一步地，Plor 还采用了多种技术以提高其效率，例如轻量级的原子锁和随机指数退避策略等，在避免性能下降的同时降低尾延迟。

　　基于 Plor 并发控制协议，本章进一步实现了一种内存级数据库管理系统 Chronus。Chronus 基于 DBx1000[94] 实现，其中 DBx1000 是一个并发控制协议测试平台，它可以灵活嵌入自定义的锁管理器，实现在不同的协议之间进行公平的性能对比。Chronus 可以支持一次性事务和交互式事务处理模型，同时还能在持久性内存中记录日志以保证数据的持久性。通过不同的实验配置，本章对 Chronus 进行了深入分析，实验显示，Chronus 在运行 TPC-C 和 YCSB 负载情况下，其一次性事务执行模式可以提供与 SILO 相近的吞吐率，同时将 99.9% 尾延迟降低一个数量级。在交互式事务处理模型下，Chronus 甚至可以提供 SILO 2 倍或更高的吞吐率。在实现高吞吐率及低尾延迟这些目标的同时，Chronus 适当牺牲了其非尾延迟（例如中位数延迟）。总结起来，本章具有如下贡献：

　　1）对悲观锁和乐观并发控制两类典型的协议在吞吐率与尾延迟方面的表现进行了深入分析。

　　2）引入了一种混合并发控制协议 Plor，并通过一系列优化机制实现了高吞吐和低尾延迟的设计目标。

　　3）基于 Plor 实现了内存级数据库管理系统 Chronus，其同时支持单次及交互式事务处理模型，同时还保证数据的持久性。实验显示，Chronus 可提供与现有系统相近的吞吐率，并将尾延迟降低一个数量级。

5.2 背景介绍和研究动机

并发控制协议作为数据库管理系统的核心组件之一，有效提供了事务并发处理的隔离保证。近年来，关于如何提升内存事务系统的并发效率引起了研究人员的广泛兴趣[89-94]。本节将重点分析两种代表性的并发控制方案 OCC 和 2PL。

5.2.1 两阶段锁

2PL 是最早被证明能够确保并发事务正确执行的并发控制方案，并被传统的数据库广泛采用。2PL 要求事务在读取或写入数据之前先锁定该数据项，为确保正确性，2PL 要求获取和释放锁严格遵循以下两个规则：首先，不同的事务不能同时拥有同一个数据项的独占锁；其次，一旦一个事务释放了某一数据项的锁，就不再被允许获得其他锁。这些规则很自然地将 2PL 分解为两个阶段，即增长阶段和收缩阶段。如果事务未能获取某数据项的锁，则它要么阻塞等待直到成功获取锁，要么中止以避免发生死锁。下面将介绍几种典型的 2PL 变种：

NO_WAIT。在获取锁的过程中，NO_WAIT 从不等待。每当加锁失败时，事务调度器都会立即中止发起锁请求的事务。

WAIT_DIE。它是一种非抢占性锁机制，通过为每个事务分配一个时间戳以避免死锁。当一个事务（例如 T_i）尝试获取某数据项的锁，而该锁当前被另一事务（例如 T_j）持有时，只有当 T_i 的时间戳小于 T_j（即，T_i 早于 T_j）时，T_i 才被允许进入锁等待队列并阻塞等待，否则，T_i 将被中止。

WOUND_WAIT。WOUND_WAIT 与 WAIT_DIE 相对应：当某事务（例如 T_i）尝试获取某数据项的锁，但该锁当前由 T_j 持有时，只有当 T_i 的时间戳大于 T_j 的时间戳时，T_i 才允许等待，否则，T_i 将中止 T_j 并获取该锁。

5.2.2   乐观并发控制

OCC 假定事务之间的冲突很少发生，它允许在提交事务之前不锁定数据项并直接执行事务逻辑。OCC 由三个阶段组成，包括①读取阶段，该阶段事务从数据库中读取数据，并在本地保存所有数据项的副本；②验证阶段，该阶段中事务检查其读取或写入的数据是否被其他并发的事务修改；③写入阶段，验证成功后，OCC 将修改后的记录提交到数据库。

SILO[89] 是一种典型的遵循 OCC 协议的内存级数据库管理系统。在验证阶段，SILO 首先将写集中所有的数据项加锁，如果出现死锁，则中止当前事务；然后，当前事务生成一个时间戳用以标记序列化点；接下来，SILO 检查读集中的记录是否被其他并发事务修改，并确保未被其他事务锁定；

上述过程通过一系列无锁化操作完成。SILO 还采用多种技术来提高其效率,例如,它避免使用全局锁和全局时间戳,并使用一种 epoch 机制来描述事务之间的顺序,从而实现批量地持久化更新数据。本章选择 SILO 作为 OCC 机制的典型代表。

5.2.3　研究动机

本节将讨论上述并发控制方案在吞吐率和尾延迟方面的表现。本实验使用 YCSB 基准测试程序的 YCSB-A 工作负载(偏斜负载,参数为 0.99,读写比例为 1∶1,详细的实验设置情况将在 5.6.1 节介绍),结果如图 5-1 所示。图中展示了线程数从 1 增加到 36 时对应的 99.9% 尾延迟和吞吐率表现,实验分析结果如下。

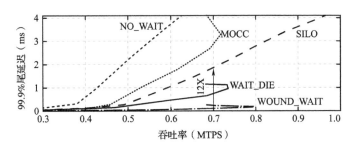

图 5-1　2PL 和 OCC 的尾延迟及吞吐率对比

5.2.3.1　吞吐率分析

从图 5-1 中观察到,SILO 在所有对比的并发控制协议中表现出最高的峰值吞吐率。相比于 2PL 方案，其峰值吞吐率高出 20% 至 30%。通过分析 OCC 和 2PL 执行过程的时间线，本节分析得出了多种影响 2PL 吞吐率的因素。图 5-2 显示了 2PL 和 OCC 在处理冲突事务时的具体差异。

读-写冲突。在 2PL 协议下，当某事务（如图 5-2a 中的 T_1）持有独占式写锁时，另一个读者（即 T_2）必须同步阻塞直到 T_1 释放该锁。OCC 中的情况则完全不同：OCC 给各工作线程引入了私有缓冲区，并将事务中所有需要读取和写入的数据项复制到该缓冲区进行本地执行。这种设计使得事务在提交之前不会直接修改数据库中的数据项，因而事务中的读操作在读取数据项的时候无须提前加锁。如果 T_2 在 T_1 提交之前率先完成了验证阶段，则两个事务都可以成功提交。否则，读操作对应的事务（如图 5-2b 中的 T_2'）将中止并重试，但仍然可以花费与 2PL 情形下几乎相同的时间提交该事务。

写-写冲突。2PL 在访问数据项之前必须提前加锁，并在提交事务后释放锁。如图 5-2a 所示，由于写入冲突，T_3 会一直阻塞 T_4，并且 T_4 还会进一步阻塞其他冲突事务，从而导致级联阻塞。在 OCC 协议下，事务仅在提交阶段加锁，这会极大程度降低阻塞时间。对于读-修改-写（Read-Modify-Write，RMW）操作类型，OCC 需要中止 T_3 或 T_4 以确保可串行性，但这反而可以降低级联阻塞造成的开销。

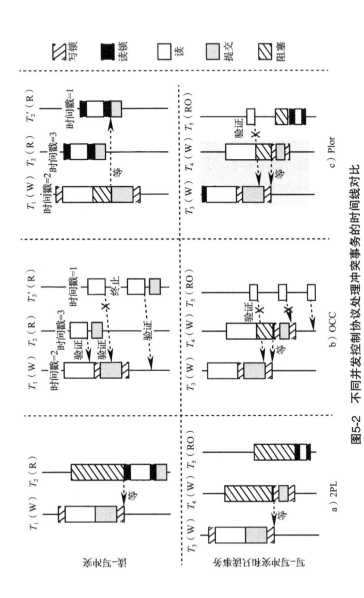

图5-2 不同并发控制协议处理冲突事务的时间线对比

锁定开销。 2PL 为支持读写锁语义，需要同时包含多个锁字段，包括当前持锁者、等待队列等。2PL 通常会因为维护这些锁字段而造成更高的锁开销。相反，SILO 在提交阶段无须对读操作加锁，也不需要支持共享锁语义；另外，由于 SILO 在提交阶段已经获取了完整的写集信息，因此，SILO 可以通过确定的全局顺序（例如，数据项的指针地址）依次获取写锁，从而避免死锁。综上所述，SILO 不需要在锁中维护等待队列，并且可以通过简单的原子指令（例如，compare_and_swap 等）实现加锁过程，因而锁开销极低。

读锁竞争。 2PL 需要获取读锁以确保只读事务的可串行性，多个事务同时读取同一条数据项会造成严重的锁内竞争，从而影响其扩展性。相反地，SILO 只需要检查读集中数据项的版本是否发生变化，该过程可通过无锁操作完成，从而无须阻塞或干扰其他并发事务的执行，保证了"不可见读"特性[95]。

5.2.3.2 尾延迟分析

WAIT_DIE 和 WOUND_WAIT 的尾延迟比 SILO 低。例如，当以 0.7MTPS 的运行速度执行 YCSB 负载时，上述 2PL 协议可以将其 99.9% 尾延迟分别限制在 $700\mu s$ 和 $200\mu s$ 之内，这比 SILO 的尾延迟分别低 2.6 倍和 12 倍。经过分析发现，事务的延迟与事务的中止次数高度相关，即中止次数越多，尾延迟越高。

SILO 的提交顺序不受控制。SILO 在执行阶段不加锁，已经中止过的事务在下一次重新执行过程中与其他事务享有平等的提交机会，这会导致其尾延迟变高。例如，在图 5-2b 中，T_2' 拥有最小的时间戳，但最终还是被中止。在某些极端的情况下，写者如果反复修改某数据项，SILO 的读事务甚至会出现饥饿现象。

WAIT_DIE 和 WOUND_WAIT 通过时间戳机制避免饥饿现象发生，它们总是确保时间戳较小的事务具有较高的提交优先权，并且，中止后的事务依旧保有原先的时间戳。因此，相比于新执行的事务来说，中止后重启的事务通常具有更小的时间戳，从而具有更高的优先提交权。进一步观察可见，WOUND_WAIT 的尾延迟远低于 WAIT_DIE。为了理解这一点，本节对比了两种协议维护锁中等待队列的差异。在 WOUND_WAIT 中，当锁持有者释放锁时，它将锁授予等待队列中时间戳最小的事务。因此，WOUND_WAIT 始终以时间戳顺序提交事务，从而提供最低的尾延迟。但是，在 WAIT_DIE 中，持锁者会将锁授予等待队列中时间戳最大的事务，这是因为 WAIT_DIE 需要始终确保等待队列中所有等待者的时间戳小于持锁者。NO_WAIT 尾延迟最高，这是因为每当发生锁冲突时，当前事务都会中止，这种策略与 SILO 类似。综上所述，到目前为止还没有一种并发控制协议能够同时实现高吞吐率和低尾延迟。

5.3　Plor 概述

本章提出一种混合并发控制机制 Plor，通过将悲观锁和乐观读巧妙融合以同时实现高吞吐率和低尾延迟。将 OCC 和 2PL 组合的设计思想其实已经存在[91,96-97]，例如，MOCC[91] 选择性地使用 2PL 和 OCC 访问数据库。它通过 NO_WAIT 访问热数据项，以防止其他事务影响读者执行，而以传统 OCC 方式读取冷数据项，从而避免不必要的锁开销。由于 NO_WAIT 和 OCC 都无法防止中止的事务再次中止，因此这种组合并不能降低尾延迟（参考图 5-1）。

Plor 背后的设计核心是充分融合 OCC 和 WOUND_WAIT 的特性，实现一种全新的结合。如图 5-2c 所示，Plor 遵循标准的 2PL 协议，在访问数据项之前提前加锁（即悲观锁），但允许事务忽略锁冲突，并直接读取数据项而不会被阻塞（即乐观读）。上述设计具有如下优势。

首先，乐观读通过避免在读阶段检测冲突，充分发挥了潜在的并发度以提高吞吐率。具体地，Plor 使用了不同的方法避免在执行阶段检测事务冲突：为避免检测读写冲突，Plor 为各工作线程引入了私有缓冲区，这与 OCC 类似；执行阶段的写操作仅在本地更新数据项，而读者可以在写事务提交之前忽略写锁。同理，由于读者不会修改数据项，因此读者不必阻止写者。为了避免检测写–写冲突，Plor 引入了延迟写锁机制，该机制允许事务在提交阶段才获取写锁（如图 5-2c 中的 T_4）。对于盲写（blind writes），事务仅需在提交阶段获取写锁，而对于 RMW 类型的写操作，事务在读取阶段仅获取其共享锁，在提交阶段再将其升级到独占模式（例如 T_3）即可。需要注意的是，延迟写锁机制并不总能提升事务执行的性能，本章仅将其作为可选技术（5.4.1.4 节）。

其次，悲观锁能够帮助 Plor 实现低尾延迟。在 Plor 中，冲突检测被延迟到提交阶段。在提交事务之前，Plor 首先根据在执行阶段获取的锁内时间戳，使用 WOUND_WAIT 协议来检测并解决潜在的事务冲突。在图 5-2c 中，由于 T_2 的时间戳更小，因此 T_1 必须等待 T_2 提交后再提交，通过这种方式，Plor 能够确保始终优先提交带有较早时间戳的事务。

Plor 采用了一种动态方法处理只读事务，从而可以同时满足高吞吐率和低尾延迟（如图 5-2c 中的 T_5）。首先，Plor 像 SILO 一样通过版本验证机制运行只读事务。只有只读事务中止多次后，Plor 才使用读锁进行处理。Plor 还引入了多种机制来进一步提高效率。例如，通过原子锁降低加锁阶段引入的锁定开销（5.4.2 节），并采用随机指数退避策略来避免性能下降，同时降低尾延迟（5.4.3 节）。本章最终将 Plor 实现到 Chronus 数据库中，并集成上述所有技术。实验显示。Chronus 可提供与 SILO 相近的吞吐率，同时实现极低的尾延迟。

5.4 总体架构

本节将首先描述 Plor 并发控制协议的执行流程（5.4.1节），然后介绍用于提升性能的几类优化技术（5.4.2 和 5.4.3节）。

5.4.1 Plor 并发控制协议

本节首先介绍 Plor 的基准版本，该版本在执行阶段仅忽略读-写冲突，而如何降低写-写冲突和读-读冲突将在后文介绍。为简单起见，本节讨论的事务仅包含对现有数据项进行读取或更新等操作，插入和范围查找等操作将在后文中介绍。

5.4.1.1 工作线程现场状态

工作线程通过如下数据结构保存当前正在执行事务的现场状态信息：

- **时间戳**（tid，47 比特）与当前正在运行的事务相关联，该时间戳描述了事务的提交顺序。相关工作显示，集中式的时间戳分配方式（例如，通过对某一共享字段执行原子加操作）会造成扩展性问题[93]。因此，Plor 使用 CPU 本地的 RDTSC 计数器分配时间戳。
- **状态位**（status，1 比特）用于描述每个工作线程的当前运行状态，分为正在运行和中止两类状态。使用 WOUND_WAIT 协议时，工作线程可以通过修改另一个线程的状态位来中止其正在运行的事务。

- **工作线程 ID**（wid，16 比特），即每个工作线程的 ID，不为零。
- **读集**包含当前事务所需读取的数据项的指针，**写集**则用于跟踪事务需要更新的数据项。如果当前事务对某一数据项同时读取和修改，则该数据项需同时加入读集和写集中。写集还为每个数据项配备了一个缓冲区，用于保存事务执行过程中所有的修改，在提交阶段，Plor 再将这些修改写回到数据库中。

上述状态信息中，时间戳、状态位以及工作线程 ID 共同组合成一个 64 比特的字段 TID，TID 可以唯一地标识一个事务。

5.4.1.2　读阶段

在读取阶段，工作线程始终在读取数据项之前先获取相应的锁。图 5-3 描述了共享锁和独占锁的申请与释放过程，展示了 Plor 的核心设计思想。与最近的内存数据库一样，Plor 为每个数据项分配独立的锁管理器，实现了更高的并发性[89,94]。Plor 的锁维护了当前写者（w）、写等待队列（W）和读者队列（R）三类信息（如图 5-3 中的第 1 行）。

在获取读锁过程中，工作线程可以完全忽略当前的写锁，直接将当前工作线程信息添加到 R 中（第4行）。第5~9行描述了当前写者（即 w）正在提交事务时需要执行的逻辑，这将在后文详细描述。获取写锁时，Plor 通过原子地修改 w 变量来检查写冲突。当该锁已经被另一个写者成功持锁（即 $w \neq 0$，第12行）时，Plor 使用 WOUND_WAIT 协议来处理写-写冲突。如果当前锁请求者的时间戳小于锁持有者（即 w）的时间戳，当前锁请求者通过将持锁者的状态位修改为中止状态来中止其正在运行的事务（第15行）。然后，锁请求者同步等待直至成功获取锁（第16~19行）。需要注意的是，写-写冲突检测的全部执行过程应该原子地执行（如图5-3中的第2个虚线框），这将在5.4.2节中讨论。

另外，如果当前工作线程在同步等待的过程中已经持有会引发环形冲突依赖的锁，则该工作线程可能会被其他冲突的事务中止。因此，当前工作线程还需要及时检查其状态位，并在必要时中止当前正在运行的事务。Plor 在以下两个地点检查其状态位，包括每当工作线程需要同步等待锁时（第9行和第17行），或者在线程开始加锁时（第3行和第11行，及早中止事务，避免造成 CPU 资源浪费）。

一旦获得了锁，工作线程便可以安全地访问数据项并运行事务逻辑。工作线程仅需要将写集中的数据项复制到其私有缓冲区中，而这与单版本 OCC（例如 SILO）不完全一样，这是因为后者需要同时将读集和写集中的数据项复制到私有缓冲区，所以会造成更多的数据复制开销。Plor 之所以可以

```
 1  Data:写者(w)、写等待队列W和读队列R。
 2  LockRd(TID):
 3  │  PollOnce(TID) ;                               // 提前中止。
 4  │  R中追加TID;                                  // 将自己添加到R。
 5  │  if R[:TID]包含独占字段 then
    │  │  // 反向扫描。w正在提交,决定是否中止或等待。
 6  │  │  if TID<ctx[w.wid].TID then
 7  │  │  └  中止;
 8  │  │  while R[:TID]包含独占字段 do
 9  │  │  └  PollOnce(TID);
    │  │                        #原子执行区,检查读-写冲突
10  LockWr(TID):
11  │  PollOnce(TID) ;        // 提前中止。
    │  // 通过CAS指令将w从0修改至TID。
12  │  if !CAS((w==0) ?w←TID) then
    │  │  // CAS操作失败(w≠0),将自己加入W。
13  │  │  W中追加TID;
14  │  │  if TID < w then
    │  │  │  // w的时间戳新,终止w。
15  │  │  │  将ctx[w.wid]的状态位修改为中止;
    │  │  // 等待直至就绪(例如, w = TID)或中止。
16  │  │  while w ≠ TID do
17  │  │  │  PollOnce(TID);
    │  │  │  // 重新载入w并再次比较。
18  │  │  │  if TID < w then
19  │  │  │  └  将ctx[w.wid]的状态位修改为中止;
    │  │                        #原子执行区,检查写-写冲突
20  UnlockRd(TID):
21  │  R中移除TID;
22  UnlockWr(TID):
23  │  W中移除TID;
24  │  R中移除独占字段;
25  │  从W中选最旧的赋值给w; // 查询候选者。
26  PollOnce(TID):
27  │  if ctx[TID.wid]的状态位为中止 then
28  │  └  中止;  // 检查自身状态,并决定是否中止。
```

图5-3 Plor 的读阶段执行逻辑

不用复制读集中的数据项是因为,当前事务在读操作未完成时其他写操作不可以直接修改该数据项。

5.4.1.3　提交阶段

在执行阶段完成后，工作线程便尝试通过以下三个步骤来提交事务（如图 5-4）。在第一阶段中，工作线程首先检测事务写集中所有数据项的读-写冲突状态。它首先将写集中数据项对应的写锁升级为独占模式（第 5 行），以避免其他并发读者读取不完整的数据。独占锁模式的实现将在 5.4.2 节中讨论。独占锁会阻止或中止之后的所有读者，具体取决于它们的时间戳大小关系（如图 5-4 中的第 5~9 行）。具体来说，独占锁模式会阻止更新的读者（即时间戳较高的读者），而中止较老的读者。这是因为如果让更老的读者等待更新的写者会导致环形依赖，从而出现死锁状况。然后，工作线程扫描锁中已有的读者来检查并解决冲突，具体地，它将中止所有时间戳较大的读者（第 8 行），而阻塞等待更老的读者直至其释放锁（第 10~11 行）。

在第一阶段之后，工作线程便可以安全地提交事务。在第二阶段中，工作线程释放其读集中所有的共享锁，释放过程通过将自己从读队列中删除来实现（如图 5-3 中的第 21 行）。在第三阶段中，工作线程将事务中所有修改的数据项提交到数据库，最后释放写锁。释放写锁包括（如图 5-3 第 23~25 行）从写等待队列中将自己移除，消除独占锁模式，并在写等待队列中选择最老的事务，让其成为新的持锁者。

需要注意的是，一个正在提交的事务可能会被其他工作

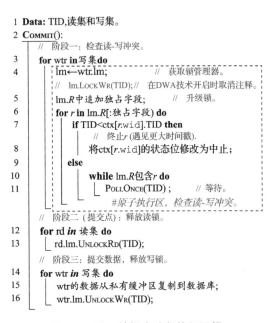

1 **Data:** TID,读集和写集。
2 Cᴏᴍᴍɪᴛ():
    // 阶段一：检查读-写冲突。
3   **for** wtr **in** 写集 **do**
4   lm←wtr.lm;   // 获取锁管理器。
        // lm.LᴏᴄᴋWʀ(TID);// 在DWA技术开启时取消注释。
5   lm.*R* 中追加独占字段;   // 升级锁。
6   **for** *r* **in** lm.*R*[:独占字段) **do**
7   **if** TID<ctx[*r*.wid].TID **then**
        // 终止 *r* (遇见更大时间戳).
8   将ctx[*r*.wid]的状态位修改为中止;
9   **else**
10   **while** lm.*R*包含 *r* **do**
11   PᴏʟʟOɴᴄᴇ(TID) ;   // 等待。
        #原子执行区, 检查读-写冲突。
    // 阶段二 (提交点): 释放读锁。
12   **for** rd *in* 读集 **do**
13   rd.lm.UɴʟᴏᴄᴋRᴅ(TID);
    // 阶段三: 提交数据, 释放写锁。
14   **for** wtr *in* 写集 **do**
15   wtr的数据从私有缓冲区复制到数据库;
16   wtr.lm.UɴʟᴏᴄᴋWʀ(TID);

图 5-4　Plor 的提交阶段执行逻辑

线程中止，但是该提交事务可能无法及时检查其状态位并最终成功提交。当继续执行下一个事务时，此线程将最终看到其状态被修改，从而中止下一个事务的运行。以上异常现象不会违反可串行性，但会导致不必要的事务中止。Plor 通过将状态位和时间戳放在相同的 64 位字段（即 TID）中来解决此问题，各工作线程通过使用 CAS 指令更改整个 TID 区域来尝试中止或激活事务，仅当目标线程仍在使用原始的时间戳时，该原子操作才会成功。

　　插入操作的冲突检测有一些区别，这是因为待插入的数据项在数据库中不存在，没有对应的锁可以获取。为此，Plor 会在执行阶段向数据库预先插入新的数据项。若插入数据项的 key 为 k，则插入操作处理过程如下：如果 k 已经存在，则事务中止；否则，工作线程初始化一个新数据项 r 并预先获取它的写锁。由于该数据项对其他并发事务不可见，因此加锁过程始终可以成功。在提交阶段，该事务在数据库索引结构中构建一个从 k 到 r 的索引项，使得插入的数据项全局可见。如果事务中止，则删除新插入的索引项和数据项。

　　实现可串行性还需要避免幽灵读现象（phantomreads）[98]。如果某事务执行删除或插入操作导致另一事务的连续两次范围查询呈现不同的结果，将会造成幽灵读现象。造成上述现象的原因是因为并发控制协议没有合理使用范围锁。Plor 使用了与 SILO 类似的树节点验证策略避免出现幽灵读现象。Plor 与 SILO 的不同之处还在于，Plor 在索引结构内部添加了额外的锁，可以检测索引节点本身的修改。对于范围查找操作，与查询范围交叠的索引节点将被包含在事务的读集中；若点查询操作查询的对应数据项不存在，则将其对应的树节点放入读集中；对于插入或删除操作，其修改的数据项对应的树节点将被同时包含在读集和写集中。

5.4.1.4　延迟写锁机制

　　本节将介绍如何通过延迟写锁机制来减少写–写冲突。

盲写操作（即事务在没有事先读取的情况下直接更新某数据项）对应的数据项可以在事务提交之前任由其他事务修改，因此当前事务只需在提交阶段获取其写锁（如图 5-4 中第 4 行和第 5 行之间获取写锁）。读-修改-写操作对应的数据项会同时出现在读集和写集中，因此 Plor 在读阶段仅获取其读锁，而在提交事务之前将其升级为独占模式。延迟写锁机制还将进一步带来以下优化机会：通过在提交阶段获取写锁，事务已具有完整的写集，Plor 可以对写集进行排序并以确定的全局顺序获取写锁，从而避免死锁发生。

通过使用延迟写锁机制，Plor 可以在完全不阻塞的情况下完成执行阶段，这与 OCC 相似。然而，实验发现，过度乐观地完成执行阶段并不一定总能带来性能提升。例如，在一次性事务处理模式下，并发的事务将以极快的速度到达提交阶段，而 WOUND_WAIT 协议在解决事务冲突时通常会导致高中止率，从而影响其性能，这将在实验部分进行详细分析。

5.4.2 原子锁

Plor 引入了一种原子锁，实现了以无锁的方式处理事务冲突。Plor 可以避免在读取阶段检测读-写冲突，本章发现这一独特属性极大地简化了使用无锁数据结构实现该原子锁的实现方式。

读锁。当多个读者均尝试获取同一个共享锁并向同一读队列追加信息时，Plor 只需要确保读队列（即 R）支持原子插入即可，而目前有许多开源的无锁并发队列可供使用[99-100]。如图 5-3 和图 5-4 中的第一个虚线框所示，读写冲突检测过程应始终保证原子性，这需要确保一旦将锁设置为独占模式，所有后进入的读者都将被阻止或中止，并且所有现存的读者对于提交的事务来说都是可见的。为实现这一目的，提交事务首先在读队列的尾部追加一个独占条目（图 5-4 中的第 5 行），然后从独占条目开始向前扫描，并和所有扫描到的读者进行比较以检测读写冲突。当事务获取读锁时，首先将自己放入读队列，然后向前扫描以确认是否存在独占条目（如图 5-3 中的第 4~5 行）。

写锁。由于 Plor 只允许一个工作线程独占写锁，因此该过程可以通过 CAS 指令原子地修改 w 来实现（如图 5-3 中的第 12 行）。检测写-写冲突需要同时修改 w 和 W（如图 5-3 中的第二个虚线框所示）。当 w 已经被锁定时，工作线程将其自身追加到写等待队列（即 W）中，并同步阻塞直到其被激活为止。但是，加载 w 的值和将自身追加到 W 这两个操作无法原子地执行。例如，当锁请求者（T_i）看到一个非零的 w，并开始将自己追加到 W，此时，如果锁持有者释放了锁，并在发现 T_i 之前将锁授予了当前写等待队列中最老的写者 T_j。T_i 的时间戳有可能比 T_j 小，从而出现等待更晚出现的事务的异常现象，进而造成死锁问题。为了解决这个问题，工作线程在同步阻塞的同时还需要将锁持有者的时间戳与自身进行比较，并在发生这种不一致的情况时及时中止锁持有者（如图 5-3 中的第 18~19 行）。

观察发现，通过操作 8B 字段中的比特位代替原子队列，还能进一步简化上述原子锁的实现过程。具体来说，8B 中的每一个比特位都可以代表一个工作线程，具体位置由工作线程的 ID（即 wid）确定。如果要将自身插入到一个队列中，工作线程只需通过原子指令将相应的比特位设置为 1。为了支持独占模式，8B 字段的最后一个比特位可以被保留用作独占字段。当工作线程获取读锁时，首先使用 fetch_and_add 指令将相应的比特位设置为 1，然后检查其最后一个比特位是否已经被设置为独占状态。如果是这样，则工作线程将其插入的比特位清零，并相应执行等待或中止步骤。通过上述设计，一个 8B 的字段最多可以支持 63 个工作线程，这在本实验平台上完全足够。

5.4.3　随机指数退避策略

2PL 和 OCC 方案都容易受高冲突工作负载的影响，从而在线程数量过多的情况下导致性能下降[94,101]。为了保证可串行性，这些并发控制协议要么在锁冲突时同步阻塞（2PL），要么中止并重试（OCC），这将浪费大量的 CPU 资源，并造成频繁的缓存行失效。退避是一种常见的应对高冲突负载的重试机制，在事务遇到冲突后，该方法通过延迟重试来降低竞争。延迟的具体时间对于吞吐率和尾延迟的影响都是至关重要的。过度频繁的重试会导致性能下降，而过缓的重试会使 CPU 处于空闲状态，这不仅影响吞吐率，还会加剧尾延迟问题。Plor 采用了一种随机指数退避策略。顾名思义，事务的退避时间根据重试次数成指数增长。尽管该方案在不同工作负载情况下并不总是最佳的，但本章基于以下原因最终采用了此方案。首先，该策略在低冲突和高冲突工作负载下都表现良好，低冲突负载下中止率低，可以快速重试；高冲突负载下，该机制可以探测出更长的退避时间，从而降低冲突概率。其次，该机制十分轻量，无须像其他复杂的方法一样收集全局信息以找到最佳的退避时间（例如 Cicada[92] 等）。

5.5　Chronus 实现细节

本章基于 Plor 并发控制协议构建了名为 Chronus 的数据库管理系统。Chronus 基于 DBx1000[94] 的源代码实现，DBx1000 是一个支持多线程执行的共享式在线事务处理数据库管理系统，其存储的数据以"行"为单元进行管理。由于 DBx1000 的原始版本仅支持基于哈希表的索引结构，因此本章对其索引结构进行了拓展，将 Masstree[102] 作为其树状索引方案。

事务执行模型。默认情况下，学术界的大多数内存数据库原型系统都采用了一次性事务处理模型[89,91,93,101]。该模式下，事务处理层与存储层运行在同一个程序中，二者以函数调用的方式进行交互，且应用程序不允许在事务运行过程中与之交互，这意味着事务开始执行之前所有参数都应提前设定。尽管此模型可以实现非常高的吞吐率，但最近的一项研究发现，交互式事务处理模型仍在工业界占主导地位，调查显示54%的业界部署系统从不或很少使用一次性事务处理模型[103]。基于上述考虑，Chronus 可同时支持两种处理模型。为支持交互式事务处理，Chronus 被划分为事务处理引擎和存储引擎两部分，前者用于执行事务逻辑，后者用于管理实际数据，二者各自独立运行。事务处理引擎通过网络 RPC 向存储引擎发送数据查询请求，从而实现交互式事务执行模式。在具体实现中，本章直接使用 eRPC[79] 发送数据查询请求，其中，eRPC 是可以在以太网和 InfiniBand 上运行的快速而通用的远程过程调用库。

数据持久化。许多内存级数据库均通过并行日志技术确保数据的持久性[89,92-93]。并行日志的基本思想是将事务按时序切分到不同的组，并批量地持久化各组事务生成的日志，从而将多次慢速磁盘访问转化为单次连续访问，最大化降低日志造成的额外开销。然而，并行日志引入的批量技术将会延后对客户端的响应，严重影响客户端响应延迟。新型持久性内存器件（例如英特尔的傲腾持久性内存）具有极低的写入延迟（约100ns），这为记录日志提供了性能保障，事务在执行过程中无须再按组记录日志，而是可以在提交时立即持久化日志。为了进一步了解在持久性内存中记录日志如何影响尾延迟和吞吐率，本章在 Chronus 中同时实现了重做日志

（redo）和撤回日志（undo）两种模式。在重做日志模式下，事务在执行过程中首先将更新内容缓存在 DRAM 中，而不对数据库进行直接更新。仅当可以成功提交时，事务再将日志中的修改内容作用到数据库中。因此，重做日志模式下仅成功提交了的事务才会记录日志。撤回日志模式下，事务每当更新数据库的某一数据项之前，首先在日志中记录其旧版本。由于该模式在执行阶段便会引入额外的日志记录开销，因此其事务中止的代价也会更高。

局限性。首先，当请求的数据项具有严重的偏斜特性或数据项的尺寸变化很大时，现有的任务调度方式通常会导致请求队列中出现队头阻塞，从而加剧尾延迟问题。由于这些问题在最近的工作中已得到了较好的解决[86,104]，因此本章不再赘述。其次，本章也未考虑分布式事务。

5.6　实验和性能评估

本节将通过实验分析回答以下问题：
- Chronus 是否能在高冲突负载的不同配置情况下同时实现高吞吐率和低尾延迟的设计目标？
- 在低冲突负载情况下，Chronus 的性能是否依旧与现有系统相同？
- Chronus 中的各类优化技术如何作用到提升吞吐率及降低尾延迟？

5.6.1 实验环境设置

实验平台。本实验平台配备了两个 Intel Xeon Gold 6240M CPU（每个 CPU 有 18 个物理核心，末级缓存大小为 25MB，频率为 2.6GHz），192GB DDR4 DRAM 内存和 1TB 傲腾持久性内存（单条容量为 256GB）。该服务器安装的操作系统为 Ubuntu 18.04，内核版本为 Linux4.15。为获得稳定的实验结果，实验将工作线程绑定到了固定的 CPU 核，且这些物理核均匀地分布在两个 NUMA 节点上。默认情况下，所有实验均使用了一次性事务处理模式，并将数据直接存储在 DRAM 中，而日志模式被禁用。在分析持久性日志的影响时，工作线程将日志数据记录在当前 CPU 对应的持久性内存空间中。在测试交互式事务处理模式时，实验在两台同样的机器上运行，且两个机器使用支持 100Gbit/s 的 Infiniband 网络互连，网卡型号为 MCX555A-ECAT ConnectX-5 EDRHCA，交换机型号为 MSB7790-ES2F。

对比系统。由于 DBx1000 可以支持不同的并发控制协议，因此本实验可以在一个公平的环境下进行。本章选择了 3 类并发控制协议进行比较，包括①基于 2PL 的方案（例如 NO_WAIT，WAIT_DIE 和 WOUND_WAIT），②OCC 方案（SILO[89]）和③混合方案（MOCC[91]）。以上 3 类并发控制协议基本涵盖了本章所针对的各类型并发控制协议。除开上述几类协议，研究人员也提出了其他种类的并发控制方法，例如确定性事务[105]和静态分析方法[106-107]。然而，这些方案都要求提前知道事务的读写集，与本章所关注的重点关联度较小。在测试 MOCC 时，本实验还禁用了原文献中提到的追溯锁定列表（RLL）技术，这是因为 RLL 技术假定事务具有执行确定性，即中止的事务的读集和写集在重新运行时不会改变，而本章对事务模型没有任何限制。

工作负载。实验选取了 TPC-C[108] 和 YCSB[109] 两种基准测试程序。TPC-C 模拟了一个大型商品批发销售公司的在线事务处理场景，该场景拥有若干个分布在不同区域的商品仓库，且仓库数量可动态配置。该公司的客户根据其所在地区被分配到其对应的仓库，并向本地仓库下达订单。TPC-C 包含 9 种数据表和 5 种交易类型，在这 5 种交易中，Payment（付款）和 NewOrder（新订单）占总交易的 88%，它们大多与本地仓库进行交互，仅 10% 的 NewOrder 和 15% 的 Payment 交易需要访问远程仓库。Stock-Level 是一种只读型事务，它对一致性要求比较宽松。为降低隔离级别，2PL 在访问完数据项之后便立即释放锁，而 SILO 则直接跳过验证阶段。

YCSB 模拟了大规模在线服务场景，默认情况下，每次查询将访问单个数据项，其大小为 1KB，冲突级别通过 Zipfian 分布函数进行控制。本实验选用了 YCSB-A 和 YCSB-B 两类负载。YCSB-A 代表写密集型高冲突工作负载（读写比例为 $1:1$，Zipfian 参数设置为 0.99）。YCSB-B 代表读密集型工作负载（读写比例为 $95:5$，Zipfian 参数设置为 0.5）。实验中对上述两个工作负载进行了微调，具体表现在其生成的事务大小呈双峰分布，其中 90% 为小型事务（每个事务包括 4 个读写操作），其余 10% 为大型事务（每个事务包含 16 个读写操作）。

测量方法。实验中工作负载均由本地生成，而不是通过客户端节点生成并从网络中接收，从而防止无关因素（例如网络延迟、排队延迟）影响尾延迟。收集延迟数据时，每个事务在开始执行时标记开始时间戳 T_s，在成功提交后标记结束时间戳 T_e，则事务的执行延迟为 $T_e - T_s$。

5.6.2　高冲突负载

本节将测试 Chronus 在高冲突负载下分别运行一次性事务和交互式事务模式的尾延迟表现。在运行一次性事务模式时，延迟写锁机制默认被禁用，而有关该机制的实验分析将在 5.6.4 节中展开。

5.6.2.1　一次性事务处理模型

YCSB-A。图 5-5a 展示了工作线程从 1 个增加至 36 个时不同系统的 99.9% 尾延迟以及吞吐率表现；对应地，运行 20 个工作线程时的延迟分布如图 5-5b 所示。

实验现象分析如下：首先，Chronus 实现了与 SILO 几乎相同的峰值吞吐率，这比其他方案高出约 20% 至 40%。Chronus 表现出色的原因有①Chronus 消除了读阶段的加锁阻塞开

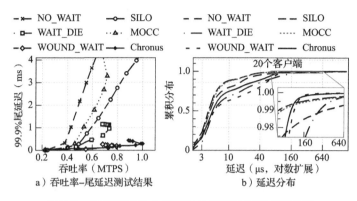

图 5-5 执行 YCSB-A 负载时的尾延迟及吞吐率表现

销，仅在提交阶段进行冲突检测，提高了并发性；②Chronus
引入的原子锁可以无锁化实现加解锁过程，降低了锁定开销
（本章还将在 5.6.4 节中对此进行详细分析）。实验还观察
到，Chronus 仅需要 20 个工作线程即可达到其峰值吞吐率，
而 SILO 需要 36 个线程才能达到此性能。其根本不同之处在
于，SILO 仅在提交阶段才能决定是否中止事务，这在高冲
突负载情况下将浪费大量 CPU 资源；与 SILO 不同，Chro-
nus 中运行的事务可以在读取阶段或提交阶段的任意时刻决
定是否中止。另外，在 Chronus 达到峰值吞吐率之后，如果
继续增加工作线程数量，其性能会略微下降，降幅大约为
10%，并且 WAIT_DIE 和 WOUND_WAIT 也存在类似的情
况，分析后发现，使用更精准的退避策略能有效解决此
问题。

其次，Chronus 与 WOUND_WAIT 的 99.9% 尾延迟相近，并远低于 SILO。如图 5-5a 所示，当运行的目标吞吐率为 1MTPS 时，Chronus 能够将其 99.9% 尾延迟限制在 294μs 之内，这比 SILO 低 15 倍。由于 Chronus 仍使用 WOUND_WAIT 来解决事务冲突，因此可以按照时间戳顺序提交事务，从而具有较低的尾延迟。MOCC 的尾延迟和吞吐率介于 NO_WAIT 和 SILO 之间，这是因为 MOCC 是由这两种协议组合而成。

最后，Chronus 的非尾延迟（即延迟分布中的前半部分，在图 5-5b 中，包含从 0% 到 99.5% 部分）比 SILO 略高。由于 SILO 和 Chronus 的峰值吞吐率非常接近，因此二者的平均延迟也应该保持相同水平。鉴于 Chronus 具有更低的尾延迟，因此它必定具有较高的非尾延迟。

TPC-C。实验中将仓库数量设置为 1 以模拟高冲突工作负载，结果如图 5-6 所示。与 YCSB-A 工作负载相比，运行 TPC-C 时实验性能表现的区别主要体现在以下两方面。

首先，从图 5-6b 中可以观察到，Chronus 在 92% 到 100% 区间的延迟均低于 SILO，这一区间明显比运行 YCSB-A 时范围更大。实验分析出两个主要原因，第一，TPC-C 在使用单个仓库时的冲突概率比 YCSB-A 更高，在这种情况下，所有的 Payment 和 NewOrder 事务都需要访问同一仓库，这些事务在执行过程中总是相互冲突。第二，TPC-C 是由执行逻辑差异很大的各类复杂事务混合组成，其中一些事务仅访问几个数据项（例如 Payment），而其他事务可能访问数十甚至数百

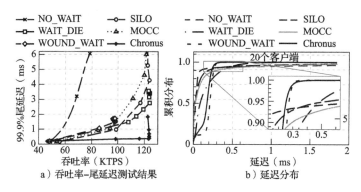

a）吞吐率–尾延迟测试结果   b）延迟分布

图 5-6　执行 TPC-C 负载时的尾延迟及吞吐率表现

个数据项（例如，Delivery 和 Stock-Level），并且运行时间较长的事务在 SILO 中更容易被中止，从而加剧了其尾延迟问题。

其次，WAIT_DIE 和 MOCC 实现了与 Chronus 和 SILO 几乎相同的峰值吞吐率。通过协议层面的分析，作者观察到 TPC-C 中大部分事务在仓库这一数据项上频繁地发生单点冲突，而恰好 WAIT_DIE 比 MOCC 更擅长处理这种单点读写冲突。例如，在 WAIT_DIE 中，当一个 NewOrder 事务持有仓库数据项的读锁时，如果接下来是一个具有更大时间戳的 Payment 事务尝试获取写锁，则该 Payment 事务将中止。紧接着，如果另一个 NewOrder 事务开始执行，依旧可以顺序获取读锁，这是因为它与前一个 NewOrder 都获取读锁，二者不冲突。然而，上述情形在 WOUND_WAIT 中将完全不同：Payment 事务由于具有更大的时间戳，将被放置在等待队列中，这将进一步阻塞接下来的 NewOrder 事务。在 MOCC 中，只有少数几个经常被更新的数据项被锁定（例如仓库等），这有助于 MOCC 降低事务中止率，节省 CPU 资源的同时还不会带来额外的锁定开销。

5.6.2.2 交互式事务处理模型

本节使用交互式事务处理模式来分析 Chronus 的性能。为防止数据存储引擎成为瓶颈，实验在运行两类引擎的两台服务器上始终使用相同数量的工作线程。本实验开启了延迟写锁机制，该版本被标记为 +DWA。图 5-7a 和图 5-7b 分别展示了 YCSB-A 和 TPC-C 工作负载下的运行结果。

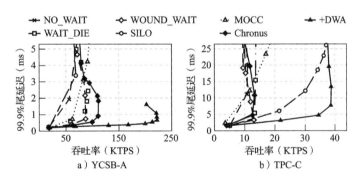

图 5-7 运行交互式事务处理模式时的尾延迟及吞吐率表现

在 YCSB-A 工作负载下，SILO 的性能非常差。经分析发现，SILO 的事务中止率非常高，而这些中止的事务耗费了大量 CPU 资源访问远端数据项。在峰值吞吐率方面，Chronus

的性能比 WOUND_WAIT 高出 49%，并保持较低的 99.9% 尾延迟。当启用延迟写锁技术时，Chronus 进一步将吞吐率提高了 2 倍。+DWA 的事务中止率与 SILO 相差不大，而这并没有影响其性能。这是因为 +DWA 中的事务可以在任何阶段被其他冲突事务提前中止，从而避免执行不必要的远端数据项访问。在 TPC-C 工作负载下（如图 5-7b），我们可以观察到 SILO 的峰值吞吐率与 +DWA 非常接近。如前文所述，仅配备一个仓库的 TPC-C 负载能允许的并发度非常有限，而 SILO 和 +DWA 均达到了其最大性能。即使这样，+DWA 在吞吐率饱和时的尾延迟依旧比 SILO 低 4 倍。由于二者的延迟分布趋势基本与图 5-5 和图 5-6 类似，因此本节不再赘述。

5.6.3　低冲突负载

本节使用一次性事务处理模式评估 Chronus 在低冲突工作负载（即 YCSB-B）下的性能。图 5-8 仅展示了吞吐率，没有额外提供尾延迟的数据。这是因为该工作负载中的事务极少发生中止，所以其尾延迟差异不大。在使用默认 1KB 数据项大小时（如图 5-8a），实验发现所有基于 2PL 的方案（包括 Chronus）都能够随着工作线程数量的增加而线性扩展。2PL 方案性能优异的原因有以下两方面：首先，YCSB-B 为读密集型负载，冲突很少见；其次，Chronus 只需要将写集中的数据项复制到私有缓冲区，而 YCSB-B 仅包含 5% 的写操作，其开销几乎可以忽略不计。其他 2PL 方案可以对数据库执行原地读取和写入操作，从而彻底消除数据复制的开销。SILO 和 MOCC 则必须将事务读集和写集中所有的数据项复制到私有缓冲区，这会造成大量的数据复制开销，因此其性能最差。在图 5-8b 中，实验将数据项大小修改为 10B 以测试各并发控制方案能够实现的最大吞吐率。实验数据显示，所有的并发控制协议均能随着线程数量的增加而线性扩展。另外，由于 MOCC 和 SILO 几乎不引入额外的锁开销，因此二者的吞吐率还略高于其他方案。

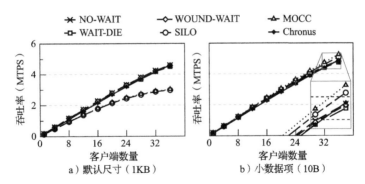

图 5-8　运行低冲突负载 YCSB-B 时的吞吐率表现

5.6.4　敏感性分析

优化技术分析。本实验进一步详细分析了 Chronus 的各种技术带来的收益和开销，实验数据如图 5-9 所示。在对比的各版本中，Plor 基准版本不包含任何优化技术，+Locker 则在前者的基础之上添加了原子锁技术，而 +DWA 则进一步启

用了延迟写锁技术。为了突出各类技术带来的效果，图 5-9a
中使用了 YCSB-B′ 负载，该负载与默认的 YCSB-B 的唯一不
同是其 Zipfian 参数设置为 0.8，本实验依旧使用一次性事务
处理模式。

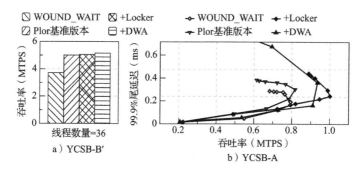

图 5-9　Plor 的内部优化技术分析

在处理读密集型且冲突概率较大的工作负载时，避免读
写冲突检测能够极大地提升性能，例如，Plor 基准版本相比
WOUND_WAIT，可提升吞吐率达 35%。+Locker 和+DWA 的
性能优势并不明显，这是因为 YCSB-B′ 为读密集型，造成的
锁开销本身就不大，所以+Locker 效果并不明显。+DWA 旨
在减少写-写冲突，由于 YCSB-B′ 中此类冲突概率极低，因
此其效果也不明显。

图 5-9b 显示了在 YCSB-A 工作负载下各类优化技术对应
的 99.9% 尾延迟与吞吐率的关系。为帮助理解各类技术性能
表现的成因，实验还收集了各技术在运行时的 CPU 执行时间

分解明细（如图 5-10 所示），可以得出以下两个观察结果：

首先，+Locker 相比于 Plor 基准版本吞吐率提高达 25%。通过分析时间分解明细发现，+Locker 可以将锁开销从 4.4% 减少到小于 0.1%。Plor 基准版本与 WOUND_WAIT 的峰值吞吐率几乎相同，但是它将读写冲突处理时间比例从 29% 减少到了 5%。Plor 基准版本与 WOUND_WAIT 一样

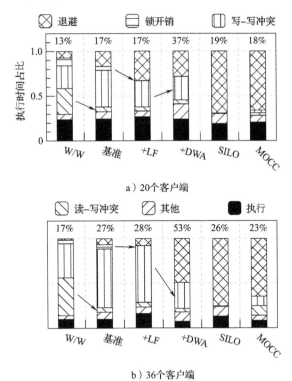

a）20个客户端

b）36个客户端

图 5-10　CPU 执行时间分解明细

使用了互斥锁来序列化对锁状态信息的并发访问。但是，通过将获取锁和冲突检测划分到不同的阶段，Plor 基准版本需要比 WOUND_WAIT 使用更多次互斥锁，这导致其性能提升并不明显。

其次，+DWA 能够有效降低写-写冲突，例如，在使用 36 个线程时，+DWA 的冲突处理时间从原先的 63%下降到了 29%。但是，+DWA 的峰值吞吐率比+Locker 还略低，并且其性能随着线程数的增加最终下降比较严重。从图 5-10b 中可以观察到，+DWA 显示出比 SILO 还高的事务中止率。+DWA 的读阶段与 SILO 具有几乎相同的步骤，但是在提交阶段使用了 WOUND_WAIT 处理读写冲突。这使得大多数事务过于乐观地执行，而最终却被中止，造成了大量的 CPU 资源浪费。

只读事务分析。Chronus 使用了动态策略运行只读事务，本节将分析该处理策略的有效性。作为比较，实验还实现了其他两种模式：①Chronus+Lock，该版本通过 Plor 协议获取读锁来运行只读事务；②Chronus+Validate，该版本通过版本验证保证只读事务的可串行性。实验选用了 YCSB-A 工作负载，并进行了少许修改：在生成的事务中，90%是默认参数下生成的事务，其余的 10%是只读事务（每个事务读取 50 个数据项）。实验收集了系统可达到的峰值吞吐率以及只读事务对应的 99.9%尾延迟。实验结果显示，Chronus+Lock 吞吐率最低（0.48MTPS），这是因为读锁会导致额外的开销。

Chronus+Validate 的性能与 SILO 相似，该版本吞吐率最高
（0.68MTPS），但只读事务却出现饥饿现象，尾延迟极高
（12ms）。观察发现，大多数只读事务进行 3 次重试基本就能
成功提交，Chronus 使用版本验证恰好可以让大多数只读事
务在极低开销情况下执行完成。仅当事务中止多次时，Chro-
nus 才选择使用读锁，避免事务中止太多次。通过采用动态
策略，Chronus 能够同时实现高吞吐率（0.65MPTS）和低尾
延迟（0.59ms）。

　　退避策略的影响。随机指数退避策略可以避免吞吐率在
线程数量过多时下降。但是，退避机制引入了额外的延迟，
从而进一步影响尾延迟。本节通过与 Chronus 在禁用退避策
略的情况下进行对比，分析了退避策略的具体影响。本实验
使用了一次性事务处理模式，并运行了 TPC-C 工作负载（1
个仓库），结果如图 5-11a 所示。禁用退避策略后，SILO 的
峰值吞吐率提高了 11%，并将 99.9%尾延迟降低了 50%。但
是，当增加更多的工作线程时，其性能会迅速下降，这和预
期一样。禁用退避功能后的 Chronus 性能也会降低，但不如
SILO 中那么明显。另外，没有退避策略的 Chronus 尾延迟下
降也十分明显。这是因为 Chronus 仍使用写锁来阻塞冲突的
事务，且中止率始终不高。

　　事务尺寸对尾延迟的影响。如 5.6.1 节所述，本章使用
的 YCSB-A 工作负载采用了双峰分布的事务尺寸（即 10%为
大型事务，其余 90%是小型事务）。本实验进一步通过改变

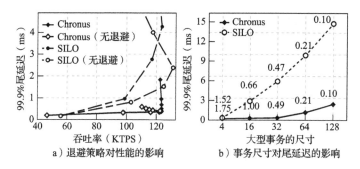

图 5-11 退避策略及事务尺寸对性能的影响

大型事务的尺寸研究事务尺寸的分布如何影响尾延迟。如图 5-11b 所示，随着大型事务的尺寸从 4 增加至 128（增长了 32 倍），SILO 的 99.9% 尾延迟增加了 45 倍。这表明，OCC 在遇到混合的工作负载时其尾延迟问题会进一步加剧。相反，Chronus 的 99.9% 尾延迟仅上升了 12 倍，这进一步证实了事务中止重试是造成事务系统高尾延迟的最根本因素，而 Chronus 恰好能够降低高冲突工作负载下事务重复中止的概率。

持久性日志的影响。 图 5-12 评估了重做和撤回两种日志类型对各并发控制协议在吞吐率和尾延迟方面的影响。本实验仍使用一次性事务处理模式，并运行 TPC-C 工作负载。总体而言，在持久性内存中记录日志给各类协议造成的性能影响非常小。通过与图 5-6 的结果进行比较，我们可以发现基于重做日志的 SILO 吞吐量几乎没有发生变化。傲腾持久性

153

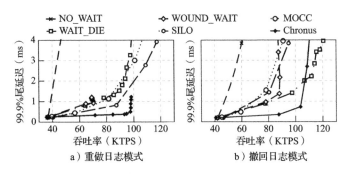

图5-12 两种日志模式下的性能表现

内存的写延迟与 DRAM 相近，记录日志的开销并不大。此外，使用重做日志模式时，由于事务仅在到达提交点后才记录日志，因此该模式不会造成不必要的日志记录开销。撤回日志模式下，SILO 的吞吐量下降了 20%。这是因为当 SILO 中止事务时，所有撤回日志已经记录在持久性内存中，所以造成了不必要的日志记录开销。相反，2PL 在撤回日志模式下的性能更好，相比于不记录日志，2PL 的性能下降幅度均保持在 10% 以内。2PL 可以在任何阶段中止事务，因此在中止事务时，引入的额外日志记录开销不高。另外，撤回日志模式比重做模式的尾延迟更高，但是 Chronus 依旧表现出了最低的尾延迟。2PL 方案在重做日志模式下效率较低的原因是 2PL 需要从头至尾锁定数据项，而记录日志还会进一步延长锁定时间，限制了其并发度。

5.7　本章小结

本章提出了一种混合并发控制协议 Plor，该方案将悲观锁和乐观读巧妙结合，同时实现了高吞吐率和低尾延迟。实验发现，尽管 Plor 内部的技术可能不适用于所有类型的部署环境，但在禁用延迟写锁机制并运行一次性事务处理模式时，可以实现与 SILO 相近的吞吐率，并可以将 99.9% 尾延迟降低一个数量级。延迟写锁机制则能在交互式事务处理模式下进一步将性能提升一倍。与本章成果对应的学术论文正投稿至 2021 年操作系统国际顶级学术会议 SOSP（ACM Symposium on Operating Systems Principles）上。

第6章

FlatStore：基于日志结构的键值存储引擎

6.1 概述

键值存储系统具有简单的接口抽象（例如 put、get 等），被广泛用于存储半结构化数据，其高可扩展、高性能等特性已使其成为数据中心架构的最基本组成部分[82,110-112]。随着数据存储和处理的需求不断增长，一部分业务逐渐从读密集型变化为写密集型，且写入数据尺寸普遍较小，此类业务为存储系统的设计带来了极大的挑战[18,82,110,113-116]。持久性内存、RDMA 等新型硬件的出现为解决上述难题带来了新的机遇。

然而，现有的键值存储系统均存在写入粒度与持久性内存访问粒度不匹配的问题[23,117-123]。例如，键值存储系统的工作负载中大部分数据项仅包含几个或几十个字节[18,82,116]。此外，键值存储系统中的索引结构还会导致严重的写放大问

题。例如，在基于哈希表的索引结构中，如果并发插入的
key 发生冲突或者哈希表的尺寸需要重新调整，则需要重新
移动 1 到多个数据项[122]。树状索引结构也需要频繁地移动
树节点中的数据项来保持节点内部的顺序，同时还要合并或
分裂树节点以保证树状结构的平衡性[23,119-121]。经分析发现，
上述修改大多仅涉及更新 1 个或多个指针。在硬件层面，为
保证存储数据的持久性，更新的数据需要额外使用刷新指令
（例如 clflushopt/clwb）进行持久化。然而，CPU 通常
以缓存行粒度（在 AMD 和 X86 平台上为 64B）将数据逐出
到持久性内存，并且持久性内存具有更大的更新粒度，例
如，傲腾持久性内存的最小更新粒度为 256B[68]。在大多数
情况下，键值存储系统的数据更新粒度均小于硬件写入粒
度，这会极大程度地浪费硬件带宽。为帮助理解上述粒度不
匹配问题，本章还在傲腾持久性内存上部署了一个持久性内
存索引结构 FAST&FAIR[23]，结果显示其 put 操作的吞吐率只
有 3.5MOPS，硬件利用率仅为 6%。

　　一种解决上述粒度不匹配问题的经典方法是使用日志结
构[124-126]，该方法将存储设备组织为一个日志，并将所有用
户写入的数据追加到日志尾部。更为重要的是，存储系统可
借助批处理技术将来自客户端的多个请求合并在一起，然后
统一执行日志追加，从而降低对存储设备的访问次数。批处
理技术的性能优势源于合并后的 I/O 操作的开销小于各 I/O
操作的开销总和。结合批处理技术的日志结构在机械硬盘及

固态硬盘上效果十分明显，这主要是因为外存存储介质具有更好的顺序写入带宽，并且每个批量操作可以连续写入多个扇区或数据页（最多可包含数十 MB 的数据）。然而，简单地将日志结构应用到持久性内存并不能获取预期的性能收益，这主要面临以下两方面的挑战。首先，实验测试结果表明，在高并发写入场景下，持久性内存的顺序写入和随机写入的带宽非常接近；并且，256B 的并行 I/O 即可达到持久性内存的峰值带宽。如果批处理技术单次写入的数据量超过256B，并不会带来额外的收益。同时，如果在日志中直接保存内存更新的内容，则单个 I/O 单元能够存放的日志条目的数量也十分受限。其次，批处理技术还不可避免地增加了延迟，这将使得新型网卡及持久性内存丧失其低时延的硬件特性。作者发现，尽管最近的一些持久性内存存储系统引入了日志结构的设计思想[12-13]，但它们主要是利用日志结构降低崩溃一致性的开销，或者降低内存碎片带来的空间浪费，而基于日志结构的批量处理带来的潜在优势却并没有被充分发掘。

基于上述发现，本章提出了面向键值存储系统的持久性内存存储引擎 FlatStore，进而充分发挥日志结构在持久性内存中的潜在性能优势。FlatStore 的核心思想是将键值存储系统划分为用于快速索引的易失性索引结构和用于高效存储的持久性日志结构，并引入压缩日志格式及流水线式水平批量持久化技术来分别解决上述挑战，从而实现高吞吐率、低延迟和多核扩展性等性能目标。

压缩日志格式用于解决第一个挑战（即提高批量处理机会）。FlatStore 仅将索引元数据和小 KV 存储在日志结构中，而大 KV 则单独通过持久性内存分配器进行存储。这是因为大 KV 的尺寸过大，并不能从日志结构的批量处理技术中获益。进一步地，日志结构中的各日志项通过操作日志技术[127] 进行格式化，即每个日志条目仅描述当前操作，而不记录每个操作实际包含的数据更新内容，从而最大限度地减少索引元数据的空间消耗。另外，观察分析还发现，日志中的索引元数据和持久性内存分配器中的分配元数据之间存在信息冗余，持久性内存分配器中用于记录分配操作的元数据无须立即持久化。具体来说，日志项中的索引元数据记录了持久性内存中键值对的具体存放位置，而持久性内存分配器记录该键值对分配空间对应的地址，因此，两种地址信息均存在冗余信息。为消除上述冗余信息带来的额外持久化开销，FlatStore 引入了一种惰性持久性内存分配器来分配管理持久性内存空间。系统崩溃重启之后，FlatStore 可以通过扫描日志结构重建持久性内存分配器的分配元数据。通过上述方式，FlatStore 可以将每个日志条目的大小限制为最小 16B，从而将多个日志条目一起刷写到持久性内存中。

为解决第二个挑战（即降低批量处理带来的高延迟问题），FlatStore 采用了一种"半分区"架构。在处理客户端请求时，FlatStore 让每个工作线程分别处理来自不同客户端的请求，并采用用户态轮询机制来避免高昂的软件开销和锁竞争。与此同时，FlatStore 引入一种流水线式水平批量持久化技术来持久化日志条目。该技术允许服务端工作线程在处理本地请求的同时还能从其他工作线程收集更多的日志条目，从而以更短的时间攒足更多的日志条目进行批量持久化。相比于让每个工作线程根据其本地的请求生成日志条目，该方法可以显著减少攒足足量日志条目所需的等待时间，进而降低客户端响应时间。为了减轻工作线程之间的同步开销，流水线式水平批量持久化技术还会在不影响正确性的前提下提前放锁，将工作线程进行分组，从而在竞争开销和批处理机会之间实现最佳平衡。

在上述日志结构的存储引擎之上，本章分别构建了基于哈希表和树状结构（例如 Masstree[102]）的键值存储系统，并分别命名为 FlatStore-H 和 FlatStore-M。实验评估表明，两种索引结构版本的 FlatStore 在单个服务器节点下的吞吐率分别可达 35MOPS 和 18MOPS，这比现有系统快 2.5~6.3 倍。

6.2 背景介绍和研究动机

本节将详细分析键值存储系统的工作负载特性，并描述工作负载中的写入粒度与持久性内存的硬件更新粒度不匹配的问题。

6.2.1　部分工业级负载的典型特征

更新粒度小。例如，Facebook 的 Memcached ETC 负载中有 40% 的键值对小于 13B，70% 的键值对小于 300B[116]。据 Rajesh 等[82] 报道，Facebook 业务中的三类负载有超过 50% 的键值对小于 250B。近年来开始流行的内存计算任务（例如线性回归计算的稀疏参数、图计算等）通常也会存储小尺寸键值对[18]。

写密集。Memcached 曾被广泛用作对象存储的缓存系统，其特征是读频率远高于写频率[116]。然而，近年来键值存储系统还必须处理写密集型工作负载，例如，部分应用会频繁更新对象数据[128]，一些流行的电子商务平台会以极快的速度生成新的交易[110]，近年来新兴的无服务器架构也会频繁交换临时数据[113] 等。

6.2.2　粒度不匹配问题分析

一个典型的持久性内存键值存储系统主要包括两部分：①用于查询键值对的索引结构（例如，树状索引、哈希表等），②用于实际存储数据项的空间管理器（即持久性内存分配器[34,129]）。键值存储系统会将数据项存放在持久性内存中，但存储索引结构的方式各不相同。例如，其中一些索引结构全部存放在 PM 中（例如 CDDS-Tree[130]、wB+-Tree[119]、

FAST&FAIR[23]、CCEH[123] 和 Level-Hashing[122]）；一些则仅把索引结构的叶子节点存放在持久性内存中，而将内部节点直接存储在 DRAM 中（例如 FPTree[121] 和 NV-Tree[120]）；还有一些则会管理两个镜像索引结构，并将一个放在 DRAM 中，另一个放在 PM 中，并使用后台线程进行数据同步（例如 Bullet[118] 和 HiKV[117]）。基于上述设计，一次 put 操作通常涉及对持久性内存的多次更新，包括①对数据项本身的更新，②对分配器内部元数据的更新，③对索引结构的多次更新。更新索引结构通常会引入对持久性内存的一系列指针修改，例如，哈希表需要在两个 key 发生冲突时移动某一个索引项到其他候选位置，并在哈希表扩容时重新摆放所有的索引项；而树状索引需要移动叶子节点中的索引项以保持内部有序，并通过合并、分裂等操作保持树状结构平衡。然而，由于处理器需要以缓存行粒度（64B）持久化数据，并且 PM 的实际更新粒度高达 256B[68]，因此，键值存储系统中的写入粒度与硬件的更新粒度之间存在严重的不匹配，这会极大程度浪费 PM 有限的写带宽。

本章进一步通过测试 FAST&FAIR[23] 的性能来分析这一粒度不匹配问题。FAST&FAIR 是一种高效的持久性 B+树，它允许更新树状索引时出现瞬间不一致状态，从而完全避免了日志开销。实验测试了 put 操作在线程数量变化情况下的吞吐率（数据项大小为 8B）。为了进行比较，实验还展示了傲腾持久性内存的硬件吞吐率（64B 随机写）。本实验平台配

备了 4 条持久性内存设备（总容量为 1TB）和两个 Intel Xeon
Gold 6240M CPU（共 36 个物理核），6.5.1 节中展示了更详细
的硬件配置。从图 6-1a 中可观察到，持久性内存的硬件吞吐率
比 FAST&FAIR 高出 17 倍。经分析可见，FAST&FAIR 的每一
次 put 请求均会引入一系列的指针操作，这些小写操作浪费
了大量的 PM 带宽。另外，由于持久性内存的写带宽扩展性
很差，因此这种性能差距会随着线程数量的增加而变得更
明显。

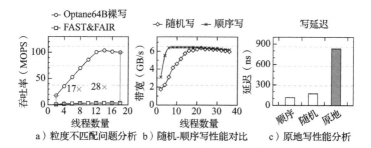

图 6-1　傲腾持久性内存性能分析

6.2.3　傲腾持久性内存硬件特性分析

Yang 等人[68]对傲腾持久性内存展开了深入的性能评
估，并观察到多项重要的发现。本章基于该工作扩展了测试
方法并得出了一些新的结论，从而能够有效指导设计 Flat-
Store，具体结论如下：

1）**高并发场景下顺序和随机访问带宽相近。**图 6-1b 分

别展示了随机和顺序写 256B 时的吞吐率。在并发线程的数量少于 20 个时，可以观察到顺序写入模式比随机模式的带宽高出至少 2 倍。但是，当加入更多线程时，二者的带宽十分接近。从硬件的角度来看，由于每个线程都写入了不同的地址，因此多个线程对设备的顺序访问实际上变成了随机访问。需要注意的是，此处测量的带宽数值低于实际带宽（即 8.6GB/s），这是因为测试过程中为每个写操作都添加了额外的刷写指令。

2）**重复刷写同一缓存行会造成延迟突增**。实验观察到，对同一缓存行进行重复刷写将导致后续操作出现近 800ns 的额外延迟（参考图 6-1c 中的原地更新操作）。这种硬件特性将导致使用原地更新方式的存储系统性能低下。

6.2.4　问题与挑战

日志结构是解决上述访问粒度不匹配问题的典型方法。日志结构始终将更新数据追加到日志尾部，从而实现对存储设备的顺序性写入。另外，日志结构还支持批量处理，可以将多次小写合并，然后通过一次持久化操作便可将所有数据写入存储介质。然而，日志结构在持久性内存中的应用面临如下挑战。

日志结构在 PM 中的批处理机会较少。由于日志结构总是将数据追加在日志尾部，从而形成很好的顺序性访问模式，并且机械硬盘和固态硬盘的顺序访问性能更好，因此，日志结构被广泛应用于外存存储系统中。HDD 和 SSD 的写入粒度较大（例如 HDD 的单个扇区为 512B，而 SSD 的页粒度为 4KB），存储系统可以在 DRAM 中缓冲数十 MB 的数据，然后再统一写入外存设备中。然而，实验结果显示持久性内存的顺序访问和随机访问在高并发场景下性能差异很小，持久性内存很难从顺序访问模式中受益。同时，持久性内存的访问粒度更小，这进一步限制了存储系统在单次持久化过程中包含的数据总量。另外，每个日志项除了写入实际的数据，还需要同时记录相应的元数据，日志结构对每次写入的数据量还有放大作用。例如，存储系统一般会使用位图来描述未使用的空间，更新位图只需更新其中的一个比特。但是，在日志结构中记录一次分配操作则需记录一个完整的地址，通常为 8B，这种写入放大问题会进一步削弱批量处理的优势。

批处理技术影响延迟。 与传统的千兆以太网、HDD 和 SSD 相比，低延迟是高速网络及存储硬件的典型特征之一。然而，批量处理需要在持久化数据之前攒足多个请求，这会一定程度影响延迟。另外，面向高速硬件的存储软件一般会使用多个线程在用户态轮询请求，然而，这种设计方法会降低批量处理的机会。

6.3 FlatStore 架构设计

本节将描述一种持久性内存键值存储引擎 FlatStore 的设计细节。

图 6-2 展示了 FlatStore 的总体架构，其包含以下核心组件。

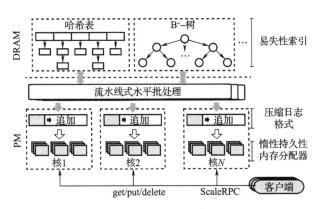

图 6-2　FlatStore 总体架构

1）压缩日志格式（6.3.2 节）。FlatStore 为每个工作线程分配了单独的日志，各线程可以通过批量处理技术优化频繁的小写请求。FlatStore 通过压缩日志格式最大化发挥批量处理优势，具体地，日志项仅用于存储小 KV 和元数据，而大 KV 由于无法在日志结构中通过批量处理获益，因此我们通过一个持久性内存分配器进行单独存储。

2）惰性持久性内存分配器（6.3.2 节）用于存储大 KV。由于操作日志中已经记录了大 KV 存储的实际地址，因此不再需要额外持久化内存分配器中的分配元数据（即位图）。为了消除上述冗余持久化操作，该内存分配器基于一种多级分配策略进行空间分配，并在运行阶段不立即持久化分配元数据。系统发生故障后，可以使用操作日志中的指针反向计算分配内存的首地址，进而完整恢复分配元数据信息。

3）流水线式水平批量持久化（6.3.3节）。在 FlatStore 中，客户端通过基于 RDMA 的远程过程调用 RPC 协议（第4章）将请求发送到服务端的目标工作线程，而工作线程的选取是通过对 key 进行哈希计算确定的。因此，工作线程可以将 put 请求生成的日志条目持久化到本地操作日志中。为了最大限度地增加批处理的机会，FlatStore 引入了流水线式水平批量持久化技术，该机制允许服务端工作线程在批量生成日志项时从其他线程窃取日志条目，以便快速积攒足够的日志项进行持久化处理。

为避免服务端在处理 get 请求时扫描整个操作日志，FlatStore 还在 DRAM 中额外维护了一份易失性索引结构。FlatStore 可以直接使用现有的索引方案，本章实现了两种版本，一种基于易失性哈希表，并命名为 FlatStore-H（6.4.1节），另一种基于 Masstree，可以支持范围查找，命名为 Flat-Store-M（6.4.2节）。

6.3.2   压缩日志格式及分配器

如前文所述，持久性内存键值存储系统生成的大量小写通常会造成严重的写放大问题。为了解决此问题，FlatStore

将键值存储系统拆分为三部分，分别是①易失性索引结构，用于快速数据查找，②压缩日志结构，用于批量处理小写，③持久性内存分配器，用于存储大 KV。在处理更新请求时（即 put/delete），服务端工作线程仅需首先将键值对写入分配器分配的空间中，然后在其本地操作日志末尾追加一个日志项，最后更新易失性索引，使得前两步的更新生效即可。为实现快速查找（get 操作），服务端工作线程首先通过 key 在易失性索引中查找对应的索引项，进而通过索引项中的指针找到对应的日志项，最后通过日志项中的指针来定位键值对，从而避免扫描整个日志来查询特定数据项。

日志项压缩。操作日志的设计关键在于如何构造日志项的数据布局。日志项的尺寸应足够小，从而可以更好地支持批量处理，使得 FlatStore 能够在一次持久化操作中处理更多的日志项。为了实现这一目的，FlatStore 仅将索引元数据和小 KV 存放在操作日志中，而其他大 KV 项则通过内存分配器进行单独存储。具体实现中，小于 256B 的键值对被定义为小 KV，该 I/O 尺寸足以让持久性内存的带宽饱和。同时，每个日志项还需要包含足够多的元数据信息，从而能够在运行过程中进行正常的数据查询，以及在系统崩溃后安全地恢复丢失的易失性索引结构。

综合考虑上述因素，FlatStore 通过操作日志技术对日志项进行数据布局。具体地，每个日志项仅包含用于描述更新操作的必要信息，而不直接记录每次内存更新的内容。如

图 6-3 所示，每个日志项由 5 个部分组成，包括操作类型
（即 put 或 delete）、嵌入标识（表示是否将键值对放置在日
志条目的末尾）、版本（用以保证日志清理的正确进行），以
及键值对内容（key、指针等）。FlatStore 使用固定 8B 的 key，
这与现有系统的方式相同[118,120-121]。当然，FlatStore 可以将
key 放在操作日志之外以支持更大的 key。根据日志项尾部存
放的内容可将日志项布局分为两类，一种是日志项尾部只存
放一个指针（指针型日志项），用于指向大 KV 的实际存储
位置；另一种是数据型日志项，用于将小 KV 直接存放在日
志尾部。为了最小化日志条目的尺寸，指针型日志项的末尾
指针仅保留前 40 位。由于内存分配器支持分配内存块的最
小粒度为大于 256B 的大 KV，因此，指针中的低 8 位可以忽
略，而 48 位的指针能够索引 128TB 的持久性内存空间，这
在本平台上完全够用。通过上述数据布局方式，每个日志项
的大小被限制在 16B（指针型日志项），这意味着 FlatStore 可

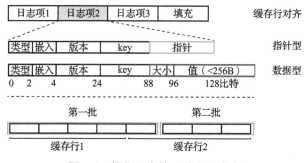

图 6-3　操作日志的两种布局格式

以将 16 个日志项一起持久化到 PM，其开销远低于分别对 16 个日志项进行持久化的开销。

填充对齐。FlatStore 基于日志结构的数据存放方式避免了对同一位置进行原地更新并对同一缓存行进行重复刷写，很大程度上避免了傲腾持久性内存本身的硬件问题。然而，在积攒单次批量处理请求时，并非每次都能恰好收集到 16 个日志项，这将导致两次相邻批量持久化操作因为数据不对齐而共享同一缓存行（如图 6-3 底部所示）。在这种情况下，后一次持久化操作会因为硬件缺陷而被延迟执行。为解决这一问题，FlatStore 在每一批日志项的末尾增加了缓存行对齐填充，从而避免对同一缓存行重复刷写。对于采用原地更新的存储系统来说，规避这一硬件缺陷将非常困难。

惰性持久性内存分配器。持久性内存分配器在分配过程中需要记录额外的分配元数据，用以描述持久性内存空间中哪些地址已经被分配，哪些地址空间处于空闲状态。因此，使用分配器存储大 KV 将引入额外的元数据持久化开销。事实上，日志项的元数据信息和分配元数据之间存在冗余信息：在成功插入一项键值对后，日志项中的指针始终指向存储该键值对的已分配数据块。FlatStore 无须在每次分配空间之后立即持久化分配元数据，而是可以延后处理。一旦系统发生故障，FlatStore 便可以利用日志项中的冗余信息正确地恢复分配元数据。由于内存分配器需要支持可变长度的内存分配功能，因此，持久性内存分配器的设计关键是如何在恢复过程中通过日志项中的指针信息反向定位分配元数据，并正确进行恢复。

FlatStore 引入了一种惰性持久性内存分配器，其分配策略与 Hoard[131] 类似。它首先将持久性内存空间切分成 4MB 的连续内存区，然后这些 4MB 的内存区被进一步切分为不同尺寸的内存块，且同一内存区中的数据块具有相同的尺寸。当前内存区的内存块大小会记录在内存区的头部；同时，用于记录分配信息的位图也放置在开头位置，用以跟踪未被分配的数据块。从上述设计中可以发现，每个内存区的起始地址都是 4MB 对齐的，并且内存区的分配粒度都可以在其头部找到。根据这些信息，FlatStore 可以使用日志项中的指针直接计算分配的内存块在内存区中的位置（即偏移），从而在发生系统崩溃或断电故障后能够正确恢复位图元数据。为提升分配器的扩展性，这些 4MB 内存区被划分到不同的工作线程。在收到分配请求时，分配器首先从其本地管理的持久性内存空间中选择适当尺寸的内存区，然后从该内存区中分配空闲的数据块，并修改其位图，该过程中修改的位图无须立即持久化。对于大于 4MB 的空间分配操作，分配器直接为其分配连续的多个内存区。由于键值存储系统中数据普遍较小，因此此类情况发生的概率极低。将以上所有设计合并到一起，FlatStore 将通过以下步骤在服务端处理 put 请求：

①从持久性内存分配器中分配一个大小合适的数据块，

将键值对的数据部分以（V_{len}，V）的格式复制到分配的内存空间中，并立即持久化，其中 V_{len} 表示数据大小（若插入操作的数据为小 KV 则跳过此步骤）。

②初始化一个日志项并填充各字段。如果将键值对放置在操作日志之外（即大 KV），则将日志项格式化为指针型，且内部指针指向步骤①中分配的数据块。如果该键值对已经存在（即重复插入），则将日志项中的版本字段加 1。日志项初始化完毕后将其追加到工作线程本地操作日志的尾部，并持久化。最后，更新操作日志的尾指针以重新指向日志的尾部，并持久化尾指针。

③更新易失性索引中对应的索引项以指向新追加的日志项。

可以观察到，put 操作完成步骤②之后即被认为已经持久化存储到存储介质中。为了确保插入操作的崩溃一致性，FlatStore 在重复插入同一键值对（大 KV）时不能直接原地覆盖原始数据，而是需要使用异地更新机制。因此，重复插入操作除了上述三个步骤外，还需要在插入完成后释放旧数据块的存储空间。在 FlatStore 中，键值对根据其哈希值被发送到特定的服务端工作线程，同一个 key 的并发操作均会到达同一个工作线程，最终被顺序执行。因此，FlatStore 中不会发生"删除后读取"的异常现象，已经释放的数据块可以立即被重复分配并使用。如果在步骤②之后发生系统故障，FlatStore 仍可以通过重演操作日志来恢复易失性索引以及分配位图（6.3.5 节）。处理删除操作时，FlatStore 采用了和 RAMCloud[132] 类似的方式，即在操作日志中添加一个墓碑项来记录此删除操作。

观察可见，FlatStore 中的每个 put 操作仅涉及 3 次持久性内存写入操作，分别是写键值对、写日志项以及写尾指针，而将小 KV 直接存储在日志条目中还可以进一步减少写入次数。当操作日志中的日志项因删除或覆盖写而失效后，Flat-Store 需要定期回收持久性内存空间（6.3.4 节）。经分析发现，选择性地将键值对放置在操作日志和持久性内存分配器中还能支持更高效的日志垃圾清理[12]。例如，由于操作日志中仅存放 16B 的日志项或小 KV，空间占用相对较少，因此日志清理过程不会占用太多的 CPU 资源。

6.3.3　水平批量持久化技术

通过引入操作日志，FlatStore 的服务端工作线程可以从网络中同时接收多个客户端请求，并将它们进行合并处理。例如，假设有 N 个 put 请求到达服务端，FlatStore 首先为每个请求分配适合大小的数据块，并存储对应的键值对；然后为每个请求分别生成日志项，并将其合并持久化到操作日志中；最后，更新各个请求对应的易失性索引使更新内容生效。通过批量处理，持久性内存的写入次数将从原始的 $3N$ 减少到 $N+2$。减少的持久化操作包含以下两类：①通过引入操作日志，来自不同请求的日志项可以被一次性写入持久性内存中；②操作日志的尾指针的更新从之前的每处理一个请求更新一次变为现在每一批更新一次。另外，对于可以直接存放在操作日志中的小 KV，上述持久化操作次数还将进一步减少。

由于上述批量处理方案仅允许每个工作线程从本地的客户端连接中接收请求并进行批量处理，因此本章将此方法称作垂直批处理（Vertical Batching，VB）。垂直批处理可以有效降低持久化开销，但每个核心需要花更长的时间来积攒足够的请求，因此，该方法也会造成延迟的上升。为帮助理解这一问题，图 6-4a 和 6-4b 从微观角度描述了批量处理与传统方法的差异。可以观察到，垂直批处理显著增加了响应延迟。高速硬件（例如 RDMA 和持久性内存）的出现却驱使着系统设计人员努力实现低延迟的请求处理能力[114-115]。

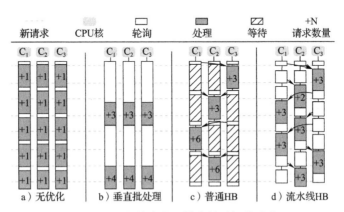

图 6-4　不同请求处理模式的时间线对比

FlatStore 为此引入了水平批量持久化机制（Horizontal Batching，HB），该方法允许服务器工作线程在积攒批量请求时从其他线程窃取日志项，并统一执行持久化操作。

　　流水线式水平批量持久技术（PipelinedHB）。如图 6-5 所示，为支持其他工作线程窃取日志条目，FlatStore 引入了用于核间同步的全局锁以及用于给各工作线程存放日志项的通信消息池。

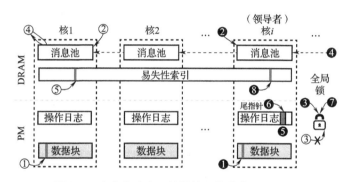

图 6-5　流水线式水平批量持久化技术工作流程

　　图 6-5 首先描述了一种简单版的水平批量持久化工作流程。在完成键值对持久化阶段（❶/①）之后，各工作线程都将要持久化的日志项对应地址存放在消息池中（❷/②），并尝试获取全局锁（❸/③）。成功获取全局锁的工作线程将成为领导者（即图中的第 i 个核心），而其他线程则成为跟随者，并同步等待领导者帮助其完成日志项的持久化工作（④）。领导者在抢到全局锁之后便开始从其他工作线程中窃

取日志项（❹），然后将收集的日志项合并到一起，以批量方式追加到操作日志中（❺和❻）。此后，领导者释放全局锁（❼）并通知其他核心持久化操作已经完成。最后，所有工作线程更新相应的 DRAM 索引，并将响应信息发送给客户端（❽/⑤）。

可以观察到，简单版水平批量持久化流程通过从其他核心窃取请求来实现批量处理。然而，上述流程将 put 操作的三个阶段严格分割开，这会导致跟随者将大多数 CPU 资源都花费在等待领导者完成日志项持久化上，其性能并不能达到最优状态（图 6-4c 从微观角度解释了这一点）。因此，Flat-Store 进一步引入了流水线式水平批量持久化技术，让多个 put 操作的各阶段可以交叠执行。具体方法为，一旦某工作线程没有成功获取全局锁，那么它将从网络连接中查询下一个请求，并开始执行下一轮水平批量持久化逻辑，同时异步等待前一轮批量处理的领导者完成日志项持久化工作。此外，领导者从其他工作线程收集完日志项后，便立即释放全局锁，将日志持久性过程从全局锁中移出，使得前后两轮批量处理可以并行执行（如图 6-4d 所示）。

潜在问题分析。首先，流水线式水平批量持久化可能会导致客户端请求乱序。例如，当某工作线程在处理前一轮 put 请求时成为跟随者，且领导者尚未完成日志项持久化工作时，若该工作线程开始执行后续的 get 操作，则可能无法看到前一个 put 操作的最新数据。为了解决此问题，每个工作线程还会维护一个专有的冲突队列，用以跟踪正在被处理的请求。如果后续的操作与冲突队列的某键值对冲突，则对该操作进行延迟处理。

水平批量持久化的分组执行。 在基于 NUMA 架构的多核服务器中，大量工作线程获取同一个全局锁会造成严重的同步开销。为了解决此问题，FlatStore 将服务端工作线程划分到多个组来执行上述批量处理逻辑。容易理解，较小的组会降低锁同步开销，而其代价是减小了每次批量处理的尺寸；相反，较大的组会提升锁同步开销，但每次批量处理的尺寸也会增大，因此，适当的组大小可以在全局锁同步开销和批量处理机会之间实现良好平衡。实验分析发现，将同一颗 CPU 中的所有物理线程放置到同一组中性能最佳。

6.3.4　日志清理

为了避免操作日志的长度无限制增长，FlatStore 需要及时清理失效的日志项，提升持久性内存的空间利用率。在 FlatStore 中，操作日志由一系列 4MB 的内存区串接构成。服务端为每个内存区维护了一个内存记录表，并在处理 put 和 delete 请求时实时更新操作日志中每个 4MB 内存区的空间使用情况。如果一个内存区的空间利用率低于某阈值，或总可用空间非常受限，则将触发日志清理流程，并将空间利用率低的内存区放入回收列表中。每个批量处理组都会启动一个后台线程来清理日志，该线程被称作清理程序。通过这种设

计，日志回收程序可以在多个组之间并行执行，提升回收效
率。清理程序会定期检查回收列表，然后扫描对应内存区的
各日志项是否有效，其判断依据是比较结果（日志项内部的
版本与内存索引中的最新版本）。扫描完成之后，清理程序
新分配一个内存区，然后将回收内存区中所有的有效日志项
复制到新分配的内存区中。墓碑日志的有效性判断相对复
杂[132]，这是因为只有在与该键值对相关的所有日志条目均
被回收之后才能安全地回收该墓碑日志。紧接着，清理程序
使用 CAS 原子指令将内存索引结构中的相应索引项进行更
新，以指向其最新位置。最后，此内存区便可安全地被持久
性内存分配器回收。当清理过程中新分配的内存区装满后，
清理程序将其链接到操作日志尾部。为防止新分配的内存区
在系统故障之后丢失，清理程序还会将其起始地址记录在预
先约定的位置。系统重启之后，相应的地址信息会被重新读
取，用以恢复相应的数据。

6.3.5 系统恢复

本节将分别描述正常关闭及系统故障后 FlatStore 的恢复
过程。

正常关机后恢复。在系统正常退出之前，FlatStore 首先
将易失性索引复制到持久性内存中预定的位置，同时，持久
性内存分配器中的位图信息也相应持久化到持久性内存中。
最后，FlatStore 在预定位置写入一个关闭标志，用来表明此

次关闭为一次正常关闭。重启后，FlatStore 首先检查并重置该关闭标志的状态。如果该标志显示上一次关闭为正常关闭，则 FlatStore 将易失性索引加载到 DRAM，并开始服务客户端请求。

系统故障后恢复。如果关闭标志为无效状态，则表明上一次关闭时出现系统故障，工作线程需要从头到尾扫描操作日志来重建内存索引和分配元数据。当然，在日志清理过程中新分配的内存区也需要在该阶段被完整扫描。恢复进程首先初始化一个空的 DRAM 索引结构，然后扫描操作日志中的日志项，并根据其 key 在索引结构中查找该索引项。如果找不到这样的索引项，则新插入一个；否则，恢复进程进一步通过比较版本号来判断是否更新此索引项的指针。同时，恢复进程还需根据日志项中的指针信息恢复分配元数据（即位图）。通过上述恢复方案，FlatStore 只需要顺序扫描操作日志即可恢复整个易失性索引结构。实验显示，仅需 40 秒即可恢复 10 亿个键值对。

相比于 CCEH[123] 等纯粹使用 PM 的索引结构，FlatStore 在遇到系统故障时需要更长的恢复时间。然而，结合实际应用负载分析可见，上述恢复时间在大多数工业级应用中均可接受。首先，常见的工业级负载的数据项长度变化幅度大，小 KV 在数量上占多数，而大 KV 在空间消耗上占主导，一个机器内部真实能够存放的 KV 项的数量有限。其次，FlatStore 也支持后台线程定期将索引数据通过快照机制存放至 PM，从而缩短故障后的恢复时间。

6.4　FlatStore 实现细节

本节将分别介绍支持哈希索引及树状索引的不同 Flat-Store 版本。

6.4.1　基于哈希索引的 FlatStore-H

FlatStore 可以直接使用现有的索引结构作为其易失性索引。在基于哈希索引的 FlatStore-H 中，易失性索引选用了 CCEH[123]。FlatStore-H 为每一个服务端工作线程初始化了一份 CCEH 实例，且每个实例用于存储不同哈希范围的键值对。由于相同 key 的键值对总是被同一个核心修改，因此，FlatStore-H 可以在不加锁的情况下直接修改 CCEH 索引。另外，由于操作日志的各日志项已经持久性地记录了索引元数据，因此 CCEH 不需要存放在持久性内存中，而是可以直接放置在 DRAM 中，并移除其所有缓存刷写指令。客户端将请求通过基于 RDMA 的远程过程调用协议直接发送到指定的工作线程，其具体对应关系由键值对的哈希结果所在范围决定。CCEH 中的每个桶可存放多个索引项，每个索引项包含两类信息，分别是用于区分不同键值对的 key 和其版本信息，以及指向操作日志中对应日志项的指针。基于分区的设计可能会导致 CCEH 在处理偏斜负载时出现负载不均衡现象[133]。但是，水平批量持久化恰好可以减轻上述不均衡问题，这是因为该方法的工作窃取机制可以有效均摊各工作线程持久化日志项的开销。

6.4.2　基于树状索引的 FlatStore-M

树状索引可以有效支持范围查找[119-121,130]，本章还实现了基于 Masstree[102] 的树状索引版本 FlatStore-M。Masstree 高度可扩展，为了支持范围查找，FlatStore 的各工作线程共享同一个 Masstree 实例，并在叶子节点中存放 key、版本、指针等信息。与 FlatStore-H 相似，客户端仍根据 key 的哈希值选择特定的服务器工作线程发送请求，从而降低更新 Masstree 时发生冲突的概率。

6.5　实验和性能评估

本节将对比 FlatStore 与现有系统的性能，同时通过额外的实验显示 FlatStore 内部优化带来的性能提升。

6.5.1　实验环境设置

硬件环境。实验集群包含 1 个服务端节点和 12 个客户端节点。其中，服务端节点配备了 4 条傲腾持久性内存设备（每个 256GB，总共 1TB），128GB DRAM 以及两个 2.6GHz 的 Intel Xeon Gold 6240M CPU（总共 36 个物理核心），安装的操作系统版本为 Ubuntu18.04。每个客户端节点包含 128GB

DRAM，两颗 2.2GHz 的 Intel Xeon E5-2650 v4 CPU（总共 24 个物理核心），操作系统版本为 CentOS7.4。上述客户端及服务端节点通过迈洛斯 MSB7790-ES2F 交换机及 MCX555A-ECAT ConnectX-5 EDR 网卡互连，支持 100Gbit/s 网络传输带宽。为获取各系统的最高吞吐率，客户端每次会同时发送多个网络请求，并异步等待响应信息返回，默认客户端批量大小为 8。

对比系统。如表 6-1 所示，本实验选取了目前国际上最新的 4 种索引结构进行对比，它们可分为以下两类：①Level-Hashing[122] 和 CCEH[123] 为哈希索引，用于和 FlatStore-H 进行比较，本实验直接使用其默认参数配置。与 FlatStore-H 的部署方式类似，在测试上述两类哈希索引时，我们首先为每个工作线程创建一个索引实例，各实例用于存储某一哈希范围内的所有键值对，且客户端根据 key 的哈希值确定将请求发送给特定的服务端 CPU 核心。由于哈希表动态扩容对性能影响较大，因此实验过程中直接创建了足够大的哈希表，并在其发生扩容之前测试实验数据。②FPTree 和 FAST&FAIR 为两种树状索引，用于和 FlatStore-M 进行对比。由于 FPTree 没有开源，因此本实验根据其论文描述实现了 FPTree，其树状结构实现部分参考了 STXB+-Tree ⊖。与 FlatStore-M 部署方法相似，服务端仅创建一个树状索引实例，并在所有的工作

⊖　https://panthema.net/2007/stx-btree。

线程之间共享，从而实现高效的范围查找。以上所有索引结构均使用了本系统提出的惰性持久性内存分配器进行实际的键值对存储，而索引结构内部仅存储一个指向键值对的指针。

表 6-1　FlatStore 的对比系统概述

索引类型	索引名称	描述
哈希索引	CCEH	3 层，包括目录、段和桶，每个桶 4 个索引项
	Level-Hashing	2 层，包括顶层和底层，每个桶 4 个索引项
树状索引	FPTree	内部节点放在 DRAM 中
	FAST&FAIR	内部节点和叶子节点均放在持久性内存中

6.5.2　YCSB 微观基准测试

本节首先使用 YCSB[109] 负载测试 FlatStore 的 put 操作在改变键值对大小及偏斜度的情况下的性能。该负载在 $[0, 1.92×10^8]$ 的空间范围内按照一定分布函数生成 key，且 key 的长度为 8B。其中，偏斜负载中 key 的分布使用了 Zipfian 分布（参数为 0.99）。由于 FlatStore 的目标是提升写密集型应用性能，因此，本节仅展示了 put 操作的性能，而 put-get 混合负载的性能将在之后阐述。

FlatStore-H。图 6-6 展示了 FlatStore-H 的 put 操作性能，可观察到如下现象。

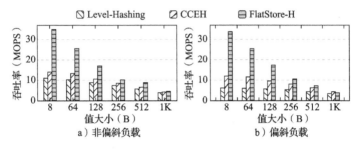

图 6-6 FlatStore-H 的 put 操作性能

1）FlatStore 的性能高于 Level-Hashing 及 CCEH，且在键值对较小时其性能优势更为明显。在数据项为 8B 的情况下，FlatStore-H 在非偏斜负载情况下可实现 35MOPS 的吞吐率，这比 CCEH 和 Level-Hashing 分别高 2.5 倍和 3.2 倍；在偏斜负载情况下吞吐率为 34MOPS，分别比 CCEH 和 Level-Hashing 高出 2.8 倍和 5.4 倍。FlatStore-H 的高性能表现得益于以下两方面因素：首先，通过引入压缩日志格式，FlatStore-H 大幅降低了处理每次 put 请求时所需的持久化操作次数，相比之下，CCEH 和 Level-Hashing 在更新哈希表时需要分别更新桶中的索引项以及位图。其次，当两个插入的 key 发生冲突时，Level-Hashing 需要将相关索引项重新进行哈希并存储到候选桶中，而 CCEH 的桶满之后也需要将桶进行分裂，这些额外的操作均会造成额外的持久化开销。最后，FlatStore-H 引入了流水线式批量处理技术，可以将来自多个工作线程的多个 put 操作生成的日志项合并到一起进行批量持久化，这会进一步降低持久化操作的次数。CCEH 的性能比 Level-Hashing 稍高，这是因为两种索引结构采用了不同的冲突解决方案，而 CCEH 的方案更能有效降低冲突概率。在插入大 KV 时，因为所有系统均受限于硬件裸带宽，所以它们的吞吐率非常相近。

2）FlatStore 的性能优势在偏斜负载情况下更为明显。由于 CCEH 和 Level-Hashing 都采用了原地更新策略更新索引结构，因此，它们在执行偏斜负载情况下极有可能连续持久化同一个缓存行，从而造成额外的延迟。另外，经过观察还发现流水线式水平批量持久化技术采用的工作窃取机制还能有效缓解在偏斜负载情况下的负载不均衡问题。在执行批量处理过程中，较空闲的工作线程更有机会成为领导者来帮助繁忙的工作线程进行日志项持久化。CCEH 和 Level-Hashing 均会严格将请求根据 key 的哈希值分派到不同服务端工作线程，这会造成负载不均衡问题，进而影响整体性能。

FlatStore-M。为消除 Masstree 索引结构本身带来的性能优势，本实验还单独实现了基于 FAST&FAIR 的 FlatStore 版本，并命名为 FlatStore-FF。其中，FAST&FAIR 存放在 DRAM 中，并且内部的持久化指令被完全移除。相关实验结果如图 6-7 所示，并有如下观察结果。

1）相比于基于哈希索引的 FlatStore-H，FlatStore-M 具有更明显的性能优势。以 8B 数据为例，FlatStore-M 在非偏斜负载下可实现 18MOPS 的吞吐率，这分别是 FPTree 和

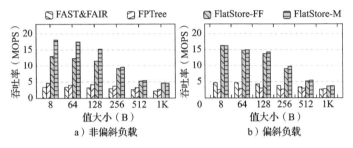

图 6-7 FlatStore-M 的 put 操作性能

FAST&FAIR 性能的 3.4 倍和 4.5 倍。偏斜负载下，其吞吐率可达到 16MOPS，分别是对比系统的 6.3 倍和 3.4 倍。以上性能优势的主要原因在于持久性内存索引结构需要频繁地挪动、分裂及合并树节点，造成了严重的写放大问题。

2）FlatStore-M 的性能高于 FlatStore-FF，且其优势在偏斜负载下更为明显。由于 MassTree 的设计初衷即为提升树状索引结构在 DRAM 中的多核扩展性，因此，Masstree 相较于易失性版本的 FAST&FAIR 更为高效。即使如此，FlatStore-FF 的性能在所有负载中均远高于 FPTree 和 FAST&FAIR。

3）FPTree 的性能在非偏斜负载情况下高于 FAST&FAIR。FPTree 将内部节点存放在 DRAM 中而仅将叶子节点放在持久性内存中，其写入持久性内存中的数据量相比于 FAST&FAIR 更少，性能更高。然而，在偏斜负载下，FPTree 的性能反而比不过 FAST&FAIR，这是因为后者具有更优异的多核扩展性设计，其细粒度锁管理机制使其在多核场景下扩展更好。

6.5.3   Facebook ETC 负载测试

工业级键值存储系统的负载更为复杂，为显示 FlatStore 在实际业务中的性能优势，本实验还模拟了 Facebook ETC 负载进行评测。该负载的键值对尺寸分布范围如下：40% 的键值对大小分布在 1~13B 之间，55% 的键值对大小分布在 14~300B 之间，而仅 5% 的键值对大小超过 300B。ETC 负载生成的 key 范围为 $[0, 1.92 \times 10^8]$，其中，小于 300B 的键值对通过 Zipfian 方法生成 key，而大于 300B 的键值对由于数量较少，访问随机性大，因此使用随机的方法生成 key。ETC 负载本身为读密集型应用，而本测试同时考虑了读密集（95%-get）和写密集（50%-get）等不同读写比情况。作为参考，全写类负载也进行了测试，相关实验结果如图 6-8 所示，并有如下观察结果。

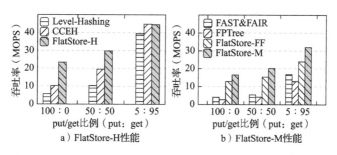

图 6-8   FlatStore 在 Facebook ETC 负载下的功能

1）FlatStore-H 和 FlatStore-M 的吞吐量均显著高于其他对

比系统，并且 FlatStore-M 相比于树状索引结构性能优势更为明显，这与上一节中的实验结果一致。具体来说，Flat-Store-H 在全写工作负载下可以达到 23MOPS 的吞吐率，这分别是 Level-Hashing 和 CCEH 吞吐率的 2.3 倍和 4.1 倍。与 FAST&FAIR 和 FPTree 相比，FlatStore-M 将性能分别提高了 4 倍和 6 倍。我们从以下几个方面解释 FlatStore 的高性能：首先，ETC 负载中大部分键值对都很小（例如 95% 的键值对小于 300B），而 FlatStore 恰好可以通过流水线式批量处理技术来合并持久化这类小写请求，从而大幅降低持久化开销；其次，FlatStore 无须像持久性索引结构那样一次次更新指针，只需在日志中追加一条日志项，从而大大减少了 PM 的总写入次数。

2）FlatStore 集中于提升写操作性能，随着读写比的增加，FlatStore-H 的性能几乎与 CCEH 和 Level-Hashing 持平。同时还能注意到，FlatStore-M 在 5：95 的读密集工作负载下仍然具有更高的性能，这是因为在树状索引中，put 操作虽然比例很小，但其单次操作开销大，造成的总体性能损耗依旧不容忽视。

6.5.4 多核扩展性测试

本节将通过改变服务端工作线程的数量测试 FlatStore 的多核扩展性。实验中，服务端线程被均摊到 2 个 NUMA 节点，同时，用于流水线式批量处理的分组大小随着各 NUMA 节点启动的线程数量增长而变大。测试负载包括偏斜和非偏

斜两种，put 操作比例为 100%，键值对大小为 64B，相关实
验结果如图 6-9 所示。容易观察到，在偏斜和非偏斜两种负
载下，FlatStore-H 和 FlatStore-M 的吞吐率随着核心数量的增
长而线性扩展。在 FlatStore 中，哈希索引和分配器均由各工
作线程独立使用，在更新索引结构以及分配内存空间的时候
不存在线程间的同步开销。另外，流水线式水平批量持久化
技术还能在不同核心之间进行负载均衡，这也促使 Flat-
Store-H 即使在偏斜负载情况下也能有很好的扩展性。同理，
FlatStore-M 基于 Masstree，而 Masstree 恰好也具备良好的多核
扩展性，因此，FlatStore-M 同样具有良好的多核扩展性。当
线程数量进一步增长时，FlatStore 的增速开始放缓，这主要
是受限于 PM 的硬件带宽。

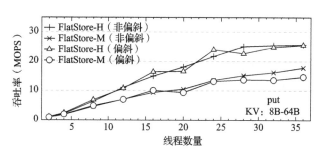

图 6-9　服务端工作线程数量变化时 FlatStore 的多核扩展性

6.5.5　内部优化机制分析

本节进一步分析了 FlatStore 中各类优化机制具体带来的

性能收益，为避免内容重复，本节仅测试了 FlatStore-H 的性能。

实验首先测试了压缩日志结构带来的性能提升。为实现这一目标，本节实现了一个基准版本，该基准版本依旧沿用了日志结构的设计，但是各工作线程在处理请求时关闭了批量处理优化，即一次仅处理一个请求并立即持久化。图 6-10 对比了该基准版本与 CCEH 在 YCSB 负载（100%-put）下的性能。经过观察可见，在不同键值对尺寸下，基准版本的性能比 CCEH 平均高 29.3%。CCEH 在执行一次 put 操作时需要在索引结构中更新多次，外加一次键值对本身的更新，而基准版本基于日志结构，仅需在日志结构中追加一个日志项，写入次数大幅降低。

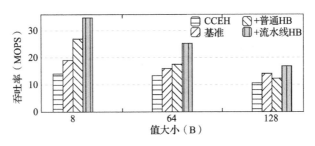

图 6-10　FlatStore 的内部机制效果分析

其次，实验进一步测量了流水线水平批量持久化技术带来的性能优势。为此，本节额外实现了一种简单版批量处理机制（普通 HB），该版本可以从其他 CPU 核心窃取日志项进行批量持久化，但是用于窃取日志的全局锁仅在日志项持久化完毕之后才释放。可以观察到，普通 HB 相比于基准版本在键值对尺寸较小时性能更好，但是当键值对尺寸大于 128B 后，普通 HB 的性能反而更差。这是因为普通 HB 在持久化 8B 或 64B 的键值对时，批量技术有明显的性能提升，消除了全局锁带来的阻塞开销；而批量持久化 128B 的键值对时，批量操作的优势将会被削弱。相比之下，流水线式水平批量持久化技术在所有场景下均有显著的性能提升，这主要有以下两方面的原因：第一，流水线式水平批量处理能够将日志项以及小 KV 合并到更少的缓存行，大幅降低对 PM 的写入次数；第二，流水线机制允许提前释放锁，其他工作线程可以提前开始执行下一轮批量处理，其并发度明显上升。

最后，实验还测试了流水线式水平批量持久化技术在降低延迟方面的优势。为了降低延迟，流水线式水平批量持久化技术试图通过让其中一个工作线程从其他核心窃取日志条目，从而更快地积攒足够的日志项。为了了解这种设计的效果，本节还实现了垂直批处理模式（vertical batching），该方案中，每个工作线程仅从本地客户端连接中读取请求。事实上，当水平批量持久化的组大小设置为 1 时，垂直批量持久化与水平批量持久化完全等效。实验比较了在不同的客户端节点数量和客户端批量大小的情况下两种模式的吞吐率和延迟，其工作负载仅包含 put 操作。延迟的采集方法如下：当请求从客户端发起时记录开始时间为 T_s，当消息完成并返回给客户端时记录结束时间为 T_e，则一个完整请求的延迟记录为 T_e-T_s，结果如图 6-11 所示，相关观察结果如下。

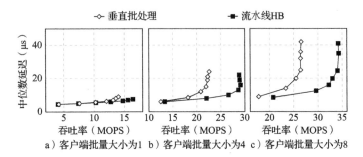

a）客户端批量大小为1 b）客户端批量大小为4 c）客户端批量大小为8

图 6-11 水平批量持久化技术和垂直方式的吞吐率及延迟对比

1）当批量机会较少时，流水线式水平批量持久化表现出相似或更高的吞吐率，但具有更低的延迟。如图 6-11a 所示，客户端批量大小设置为 1，当客户端数量为 1 或 2 时，流水线水平批量持久化的吞吐率和延迟与垂直批处理技术相同，但当客户端数量增大时，水平方式逐渐比垂直批处理模式具有更高的吞吐率。同时还可以注意到，随着客户端数量的增加，它们的性能差距还会进一步扩大。由于每个客户端发出的请求很少，因此垂直批处理中的服务端工作线程很难快速积累足够的新请求，但是，流水线式水平批量持久化技术可以从其他工作线程窃取请求，可以轻松地构建大批量日志项并统一进行持久化。

2）当有足够的批量处理机会时（如图 6-11b 和图 6-11c 所示），流水线批量处理的吞吐率明显优于垂直批处理，同时仍保持同等水平的延迟。具体来说，在客户批处理数量为 8 的情况下，水平批量模式的吞吐率比垂直模式高 23%。

综上所述，流水线式水平批量持久化技术能够有效提高吞吐率并降低延迟。同时它还可以很好地适应不同并发度的客户请求。

6.5.6 日志清理性能分析

为了评估 FlatStore 中的日志清理效率，实验通过 Facebook ETC 工作负载（50%-get）运行 FlatStore-H，持续时间为 10 分钟。如图 6-12 所示，触发 GC 过程时，FlatStore-H 的吞吐率从 29.8MOPS 略微降低到 27MOPS，降幅仅为 10%。此后，FlatStore-H 的吞吐率和日志清理速度均保持稳定。日志清理对总体性能影响不大的因素有以下几方面：①后台清理

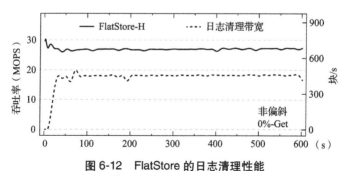

图 6-12　FlatStore 的日志清理性能

进程在清理日志空间时不阻塞前台工作线程处理客户端发起的请求；②操作日志仅包含日志元数据和小 KV，数据量少，内存复制开销较低；③FlatStore 的每个分组都配备了清理线程，可以并行地清理无效日志项。

6.6　本章小结

现有的键值存储系统工作负载具有小写与写密集的特性，这与 PM 中的持久化粒度严重不匹配。为解决这一问题，本章将键值存储系统划分为易失性索引和持久性日志结构两部分，并基于此提出了一种持久性内存键值存储引擎 FlatStore。FlatStore 为每个工作线程配备了一个操作日志，用于记录索引元数据和小 KV，以便更好地支持批量处理，同时还引入了流水线式水平批量持久化技术，在充分发挥日志结构批量处理优势的同时保证其低延迟特性。实验评估表明，FlatStore 的吞吐率、扩展性及时延均明显优于现有系统。

与本章成果对应的学术论文发表在 2020 年的操作系统、体系结构和编译交叉的国际顶级学术会议 ASPLOS（The 25th International Conference on Architectural Support for Programming Languages and Operating Systems）上。该研究成果自发表至今，被引用 27 次（根据 Google Scholar 统计数据显示）。

第7章

总结与展望

7.1 分布式持久性内存存储系统的构建及关键技术

近十年里,研究人员针对持久性内存展开了广泛的研究,包括持久性内存文件系统[12,25,28-30,32-33,51-54,134-138]、持久性内存数据结构[23,117,119-123,130,139]、新型编程模型[34,140-144]、分布式持久性内存系统[2,14-15,18,26,35,40-43,67,75,145]等。然而,基于持久性内存和 RDMA 构建内存存储系统的相关研究尚不成熟,缺乏对持久性内存在分布式环境下的统一抽象。

现有的持久性内存存储系统可分为以下两类。一类是**基于传统操作系统的构建方案**,持久性内存由操作系统内核驱动(例如 NVDIMM 驱动等)统一接管,管理员可以在持久性内存中部署支持 DAX 模式的文件系统,进而向应用程序提供存储服务。该方案与传统外存存储系统完全兼容,现有的应用程序可以直接移植到持久性内存上而不用进行源代码修改；另外，在操作系统层次管理持久性内存具有安全性高、权限管理语义完整等特点。然而，操作系统本身引入的软件开销较高，整体效率低下。另一类是针对持久性内存特性设计的**专用持久性内存存储方案**，例如，英特尔维护的持久性内存编程工具库 PMDK[34]、威斯康星大学麦迪逊分校研制的 Mnemosyne[141] 等。这类方案摒弃了传统操作系统提供的通用抽象，采用了绕过操作系统的用户态管理途径，例如，PMDK 将持久性内存通过内存映射机制导入用户态地址空间，然后向应用程序提供了具有专用接口的空间管理与分配、事务、日志等功能模块。这类构建方案兼顾了持久性内存的硬件特性，避免了传统操作系统引入的软件开销。然而，它们缺乏统一的抽象层次，存在功能冗余、兼容性差、编程困难、架构复杂等缺陷。

针对这一现状，本书构建了分布式持久性内存存储系统 TH-DPMS[146]，向应用程序提供了持久性内存在单机和分布式环境中的统一抽象。

7.1.1　TH-DPMS 总体架构

TH-DPMS 的核心关键技术基于前文介绍的主要研究成果及作者其他相关研究工作，图 7-1 描述了 TH-DPMS 的系统总体架构。在单节点环境下，TH-DPMS 提供了数据存储及数据索引等基础存储功能。在数据存储方面，TH-DPMS 引入了用户态和内核态协同的持久性内存文件系统架构，以降低存储

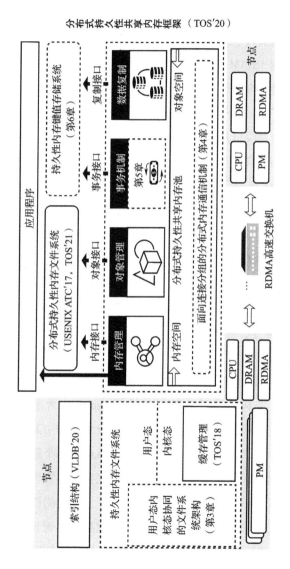

图7-1 TH-DPMS系统总体架构

栈的软件开销（本书第 3 章内容），并针对持久性内存写性能差的问题引入了缓存系统 HiNFS[52]，将无须立即持久化的数据先写到 DRAM 缓存中；在数据索引方面，TH-DPMS 引入了持久性内存树状索引结构 μtree[147]，该索引结构在叶子节点增加了一层影子链表，从而支持细粒度的并发控制，以提升吞吐率并降低尾延迟。

在分布式环境下，TH-DPMS 对各节点持久性内存设备进行统一抽象，形成了分布式持久性共享内存框架（persistent Distributed Shared Memory，pDSM）。pDSM 通过分布式持久性内存通信机制（本书第 4 章内容）将各节点的持久性内存统一互连，构建为全局统一的虚拟地址空间。同时，pDSM 还统一集成了空间管理、对象管理、事务机制（本书第 5 章内容）、多副本管理等基础存储功能，向上层系统软件提供具有内存、事务、对象、复制等多种存储接口的新型编程模型。

pDSM 引入了全局的监控节点进行集群成员管理及地址空间映射。监控节点以 2GB 内存段（segment）为基本单元管理上述统一地址空间，其中每个内存段为集群中某持久性内存节点中连续的物理内存空间。监控节点为每个段分配了独立的映射项，用以描述某虚拟内存段到实际的物理段的映射关系。pDSM 还为各段在映射项中预留了独立的权限位进行细粒度的权限控制。与操作系统中的虚拟内存管理机制类似，pDSM 在初始化阶段并不为全局虚拟地址空间映射实际的物理内存段。仅在客户端发起空间分配请求时，监控节点才会根据当前负载情况选择合适的持久性内存服务器分配连续的 2GB 物理内存段进行映射。当集群中成员关系发生变化时（例如，新的持久性内存服务器加入或某持久性内存服务器发生故障），监控节点需要更新当前配置使得 TH-DPMS 始终保持最新状态。考虑到监控节点存储着关键数据，存在单点故障风险，在实际部署过程中 pDSM 一般包含多个监控节点，节点间通过 Raft 协议同步。

pDSM 的内存空间通过以下两种方式管理，分别为原生堆（地址空间自底向上生长）和对象机制（地址空间自顶向下生长）。由于 pDSM 的地址位宽为 128 比特（64 位操作系统的虚拟地址为 64 比特），因此，上述两类地址空间在生长过程中几乎不会发生交叠现象。其中，原生堆空间通过持久性内存分配器管理，用以服务细粒度的存储请求（例如元数据、小尺寸键值对等），对象空间则用于存储大块数据（例如文件数据等）。为提升系统的可靠性及容错能力，pDSM 的数据均通过副本机制存储到多个持久性内存服务器中。为提升效率，pDSM 采用了不同的方式同步原生堆和对象空间中的副本数据。其中，原生堆中的小尺寸数据项首先以操作日志的方式记录在本地，然后通过网络一次性同步到副本节点，包含多次内存更新的请求可经过一次网络传输同步到远端节点，网络开销大幅降低；对象数据一般较大，pDSM 采用了常规的主-从副本协议进行数据同步。更进一步，pDSM

还向应用程序提供了通用的事务接口，应用程序可以将多个内存读写操作编写到同一个事务的上下文中，实现原子性数据更新。

pDSM 与传统的 DSM 系统[148-150] 的区别在于，pDSM 不仅仅是一个全局地址管理器，还可以通过灵活的编程模型将分布式持久性内存的基础存储功能进行全面抽象。基于 pDSM，系统开发人员可轻松构建各类分布式存储软件。例如，TH-DPMS 基于 pDSM 提供的基础存储接口，分别构建了分布式持久性内存文件系统 Octopus[16] 和分布式持久性内存键值存储系统（本书第 6 章内容）。

与基于传统操作系统的构建方案和专用持久性内存存储方案相比，TH-DPMS 的架构模式具有如下优势：

1）**性能高**。通过 pDSM 的全局抽象，客户端能够直接从存储系统中读写数据，该过程消除了传统网络/存储栈中冗余的数据复制开销，能够充分利用硬件带宽，向应用程序提供极高的存储性能。实验表明，TH-DPMS 在 6 节点集群中的聚合读带宽可以达到 120GB/s。

2）**接口灵活**。TH-DPMS 提供了一套语义全面的存储接口，应用程序可以根据自身需求灵活选择。例如，如果应用程序对数据一致性要求很低，则可以使用内存接口直接访问持久性内存空间；对数据一致性要求高的系统则可以调用事务接口，缩短系统实现周期。过去经验表明，基于 pDSM 构建分布式文件系统和键值存储系统可将实现周期缩短至少 3

个月。

3）**安全**。外存设备（例如 SSD/HDD）由操作系统统一管理，任何对存储介质的访问均经过严格验证。然而，持久性内存可以在用户空间中被直接访问。因此，有缺陷的应用进程可能意外地将错误数据写入 PM，并进一步破坏其他应用程序。TH-DPMS 通过 pDSM 统一接管持久性内存设备，并执行严格的权限检查，实现了操作系统级别的权限管理与故障隔离。

实验环境设置。实验集群包含 6 台持久性内存服务器及12 台客户端服务器。各客户端节点配备了 128GB DRAM、两个 2. 2GHz Intel Xeon E5-2650v4 CPU（总共 24 个物理核）和1 张 100Gbit/s 网卡（型号为 MCX555A-ECAT ConnectX-5EDR），安装的操作系统版本为 CentOS7. 4。持久性内存服务器节点包含两个 Intel Xeon Gold 6240M CPU，6 条傲腾持久性内存（共 1. 5TB），两张 MCX555A-ECAT 网卡，安装的操作系统为 Ubuntu 18. 04。持久性内存服务器和客户端节点之间通过迈洛斯 MSB7790-ES2F 交换机互连。

键值存储负载测试。本实验使用 Facebook 的 ETC 和 SYS两种键值存储负载评测 TH-DPMS 的性能。ETC 包含 5% 的put 操作和 95% 的 get 操作，其中 key 的大小固定为 16B，90% 的数据项大小在 16B 和 512B 之间均匀分布。SYS 为写密

集型负载，其中 25% 为 put 操作，75% 为 Get 操作；40% 的 key
大小分布在 16B~20B，其余的 key 分布在 20B~45B，80% 的数
据项分布在 320B~500B，小于 320B 的数据项占 8%，500B~
10KB 的数据项占 12%。对比系统为 RDMA-memcached[151]，它
是专为针对 Infiniband 网络进行适配的开源高性能分布式内
存对象缓存系统。从图 7-2 的实验结果中可以观察到如下
现象。

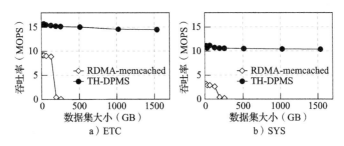

图 7-2　TH-DPMS 在键值存储负载下的测试结果

　　首先，当工作负载的数据规模小于 128GB 时，TH-DPMS
在运行 ETC 和 SYS 负载时的吞吐率相比于 RDMA-memcached
分别提升 1.7~3.5 倍。RDMA-memcached 将其所有数据都放
在 DRAM 中，但其性能仍不如 TH-DPMS，这主要是以下两
方面的原因：①RDMA-memcached 在处理 get 和 put 操作时引
入了多次 RDMA 往返，而 TH-DPMS 的客户端借助高度优化
的 RPC 原语，可以通过单次网络请求访问键值存储系统，从
而实现了更高的性能。②RDMA-memcached 在内存分配和维

护 LRU 链表方面存在严重的扩展性问题。其次，当数据总量进一步增加时，RDMA-memcached 的性能急剧下降到几乎为零，而 TH-DPMS 的吞吐率几乎保持不变。持久性内存服务器只有 192GB 的 DRAM 空间，不足以容纳整个数据集。在这种情况下，RDMA-memcached 必须将冷数据换出到外存设备，而数据移动对性能的影响极大。

图计算负载性能测试。本实验将以图计算为例，进一步说明 TH-DPMS 如何克服内存密集型图计算应用面临内存空间不足和数据共享难的问题。本实验选择了 Graph500 作为实验基准测试程序，并使用 BFS（广度优先搜索）算法进行图数据处理。图数据集包括 Graph500 图数据生成器生成的两张大图，第一张图大小为 256GB，包含 10 亿个节点和 160 亿条边，第二张图的大小是第一个的两倍，节点数和边数也相应翻倍。该实验在如下两种配置下运行，并以 BFS 算法的执行时间作为衡量标准。在第一种配置中，客户端配备固态硬盘作为数据交换空间，用于缓存本地图数据。在另一种配置中，数据完全存储在 TH-DPMS 中，客户端不具有额外的存储空间。实验仅将固定比例的图数据存放在 DRAM 中，而其余部分则存储在 TH-DPMS 或 SSD 中，从而降低实际的物理内存使用量。表 7-1 中的"内存数据比例"表示内存中图数据所占比例，相应的实验结果也在表 7-1 中展示。

表 7-1　TH-DPMS 运行 Graph500 负载的运行结果

系统	数据规模（GB）	节点数量	线程数量	内存数据比例	执行时间（s）
TH-DPMS	256	1	16	40%	1 291
	512	2	32	40%	1 388
DRAM	256	1	16	100%	4 500
w/SWAP	512	2	32	100%	13 496

　　TH-DPMS 将内存中存放不下的图数据存放在远端的持久性内存节点，而对比系统则在将大部分数据替换到本地的 SSD 中。观察发现，TH-DPMS 在运行 512GB 工作负载时相比于对比系统性能提升达 3.4 倍和 9.7 倍，结果说明，即使 TH-DPMS 将数据存放在远端节点也能够取得更高的性能，这主要归功于 TH-DPMS 的轻量级软件设计，以及高度优化的 RDMA RPC 能够充分利用网卡的硬件带宽。相比之下，Linux 内核的换入换出机制软件设计低效，例如，Maruf 等人指出，Linux 处理一次缺页中断的软件延迟高达 35μs[152]，因此，换出机制的性能远低于 TH-DPMS。

　　pDSM 读写带宽及扩展性测试。本实验通过增加持久性内存服务器的节点数量来测试 pDSM 的总体读写带宽及扩展性。测试过程中，pDSM 为每个客户端线程分配一个 64KB 的全局内存块，然后通过 12 个客户端节点向 pDSM 发起并发读/写操作来访问该内存块。在测试写带宽时，本实验评估了三种模式：①无持久化写操作，即客户端仅使用单边写原语将数据写到远程服务器，服务端 CPU 不做任何处理。②持久化写操作，即客户端通过携带立即数的单边写原语将数据写入远端内存，pDSM 在写入完成之后主动将数据持久化。③多副本写操作，即客户端将数据写入主节点和备份节点（不持久化）。

从图 7-3 所示的实验结果中可以观察到如下结果：首先，无持久化读写操作的带宽几乎相同，即单个持久性内存服务器的平均带宽为 23.5GB/s，这主要受限于网络带宽（双网卡聚合带宽为 200Gbit/s，即图中的理想读带宽）。值得注意的是，无持久化写操作的带宽超过了持久性内存的原始写入带宽（单个持久性内存服务器的写带宽约为 13GB/s），这是因为 CPU 末级缓存通过 DDIO 技术吸收了大量的写入流量。其次，读写带宽均能随服务器数量的增加而线性增加。pDSM 在客户端缓存了频繁访问的地址映射表，客户端无须在每次访问全局地址时与监控节点进行交互，从而展现出良好的扩展性。最后，持久化写操作和多副本写操作的带宽仅为理想

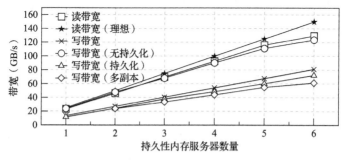

图 7-3 pDSM 的读写带宽性能表现

带宽的一半。由于持久化写操作需要远程 CPU 参与,并通过 clwb 主动持久化数据,因此,持久性内存的硬件带宽成为性能瓶颈。多副本写操作的网络传输数据量是普通方式的 2 倍,这极大地影响了系统的整体带宽。

Octopus 文件系统性能测试。本实验选取了两个分布式文件系统进行比较,分别为 memGlusterFS 和 NVFS。在 memGlusterFS 中,客户端和服务器均使用 RDMA 网络进行通信。NVFS 基于 HDFS 实现,兼容了持久性内存和 RDMA 网络。由于 NVFS 和 memGlusterFS 均需要运行在本地文件系统上,因此,本实验选择了启用 DAX 功能的 Ext4 作为本地文件系统。由于 NVFS 不支持多网卡配置,因此,本实验仅使用了服务器中一侧 NUMA 节点的持久性内存及网卡设备。

图 7-4 显示了运行 Filebench 时各类文件系统的性能表现,本实验选择了 4 种测试集,分别为 Fileserver、Webproxy、Webserver 和 Varmail。Filebench 支持类 POSIX 的文件接口,而 NVFS 基于 Java 实现,需要额外的 JNI 中间件与 Filebench 进行对接。实验结果表明,NVFS 的性能远低于 Octopus 和 memGlusterFS。经分析发现,NVFS 性能低下的原因主要包括两方面:①通过 JNI 与 HDFS 对接引入了额外的数据复制开销;②在兼容 POSIX 语义时引入了额外的操作流程,这是因为语义上的不一致会导致部分文件操作需要向 NVFS 发起多次请求。如图 7-4 所示,Octopus 在 4 个基准测试集上均显示出良好的性能,并远超其他对比系统,这主要归功于 Octopus

扁平化的元数据服务架构设计及客户端主动式的新型 I/O
机制。

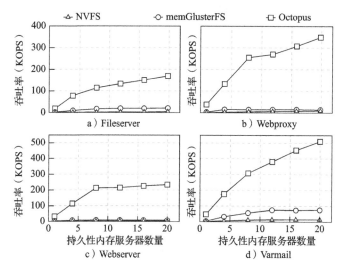

图 7-4　Octopus 文件系统运行 Filebench 测试工具的性能表现

7.2　主要研究工作总结

随着数据规模与日俱增，典型的数据中心应用对吞吐
率、扩展性、延迟等性能指标提出了更为严苛的要求。持久
性内存、RDMA 等新型硬件的出现为构建高效的存储系统提
供了新的机遇，同时也推动了存储软件设计的革新。一方
面，持久性内存、RDMA 等新型硬件的低延迟特性导致现有

存储系统软件开销占比极高，无法充分发挥硬件性能优势；另一方面，持久性内存和 RDMA 硬件具有与传统器件不同的内部特征，这些硬件特性如果未被充分考虑，还将进一步导致应用程序性能低下等问题。围绕上述问题，本书展开了以下研究：

1）为克服文件系统软件开销高及系统扩展性差的问题，设计了用户态与内核态协同的持久性内存文件系统架构 Kuco。与现有的用户态文件系统类似，Kuco 采用了客户端-服务器处理模型，将文件系统架构切分为用户库和内核线程两部分。其中，用户库向应用程序提供标准化文件接口，并与内核线程进行交互，而内核线程则负责元数据更新和权限保护。为降低内核线程的负载压力，Kuco 引入了协同索引、两级锁协议、版本读等协同处理技术。因此，内核线程在处理来自用户库的请求时仅需执行十分轻量的操作，有效提升了文件系统的扩展性。本书基于 Kuco 架构进一步实现了持久性内存文件系统 KucoFS。实验表明，KucoFS 在处理高冲突文件操作时具有极高的扩展性，性能相比于现有系统提升达一个数量级，在处理数据 I/O 时，可完全达到持久性内存的硬件带宽。

2）针对 RDMA 在可靠模式下扩展性差的问题，设计了基于连接分组的 RDMA 远程过程调用原语 ScaleRPC。该远程过程调用原语将客户端连接进行分组，并让服务端以时间片轮询的方式服务各组客户端，有效提升了客户端请求对网卡缓存的利用率，并最终保证了 RDMA 的高可扩展性。进一步，为保证分组机制的高效性，ScaleRPC 还引入了基于优先级的调度器和预热机制，避免了服务端处理器在客户端组切换过程中处于闲置状态。实验表明，ScaleRPC 展现出和不可靠连接模式类似的高可扩展性，同时，其基于可靠连接的传输模式还能支持应用程序继续使用单边原语优化数据传输的性能。

3）为处理冲突请求时同时实现高吞吐率和低尾延迟，提出了内存级事务系统并发控制协议 Plor。该协议将乐观并发控制和悲观并发控制的优点进行了巧妙融合。具体地讲，Plor 中的事务在执行阶段必须首先锁定相应数据项，然后才能开始读取该数据项。与传统悲观锁不同的是，Plor 允许在锁定过程中忽视相应的锁冲突，而仅在事务提交阶段利用锁字段中携带的信息进行冲突检测，从而在降低锁定开销的同时还能保证事务按时间戳先后顺序提交。实验表明，Plor 在处理 YCSB、TPC-C 等标准事务处理测试集时，与国际上最先进的乐观并发控制协议 SILO 相比具有十分接近的吞吐率，同时还将 99.9%尾延迟降低了一个数量级。

4）针对持久性内存更新粒度与访问粒度不匹配带来的问题，提出了基于日志结构的持久性内存键值存储引擎 FlatStore。FlatStore 将持久性内存空间组织为日志结构，并利用网络请求的批量机会将各请求中的数据进行合并，化解了上述粒度不匹配的问题。同时，FlatStore 还引入了流水线式水平批量处理等技术，避免了因批量操作而导致客户端响应延迟上升的问题。实验表明，FlatStore 的吞吐率相比于现有系统提升达 2.5~6.3 倍。

7.3 未来研究展望

传统的数据中心架构是由大量独立的服务器通过网络互连组建起来的，在进行规模扩展时，维护人员需要购买新的服务器、交换机等设备。然而，在数据中心的实际运营过程中，不同应用程序对处理器、内存、存储等硬件资源的需求具有较大差异。例如，当数据中心的内存紧张时，为扩展其规模，维护人员需要购买新的服务器，从而添置了额外的处理器及其他硬件，这将导致硬件资源利用率进一步降低。近年来，研究人员提出了一种解聚合（disaggregation）的数据中心架构并受到广泛关注。该架构下，处理器、内存、存储等硬件资源将以硬件资源池的方式独立维护，而资源池之间通过高速网络进行互连。不同数据中心可以根据需求独立地扩展各类硬件资源，从而有效提升硬件资源利用率。然而，处理器访问内存的方式将从传统的内存总线访问变为跨网访问，这将为操作系统的设计、存储资源的管理以及性能调优等方面带来巨大变化。为此，在后续的研究计划中，作者将围绕解聚合数据中心架构展开研究，主要包括以下几个方面。

1）持久性内存资源池虚拟化技术：持久性内存具有复杂的硬件特性，例如，跨 NUMA 访问将导致持久性内存的性能严重下降，持久性内存的读写带宽具有不对称特征等。如果直接将这些硬件特性暴露给应用程序，则会造成应用程序性能难以预测。另外，持久性内存作为一种存储资源，需要在数据中心的不同应用之间共享使用。针对这一现状，作者拟结合现有的虚拟化设计思想，将持久性内存资源进行统一抽象，通过缓存、硬件扩展指令等技术掩盖其性能缺陷，并提供更加灵活的存储服务。

2）远端内存访问的服务质量保障：在解聚合架构下，处理器的访存操作均需通过网络传输到远端内存，有限的网络带宽将导致不同应用之间出现带宽争用，从而出现性能抖动甚至饥饿现象。为此，作者拟围绕远端内存提供一套服务质量保障体系，根据各应用的优先级进行资源供给。

3）面向远端持久性内存的存储系统设计：由于远端内存访问的延迟相比于本地访存操作延迟更高，带宽更有限，这对面向解聚合架构的存储系统设计也有极大的冲击。例如，索引结构中通常存在大量的迭代查询，而通过网络传输这些操作将造成极高的延迟。因此，作者拟进一步思考新型存储系统的构建，使其更加适应在解聚合架构下运行。

参考文献

[1] ZWOLENSKI M, WEATHERILL L. The digital universe of opportunities: Rich data and the increasing value of the internet of things [J]. Australian Journal of Telecommunications and the Digital Economy, 2014, 2 (3): 1-9.

[2] NOVAKOVIC S, DAGLIS A, BUGNION E, et al. Scale-out NUMA [C]//BALASUBRAMONIAN R, DAVIS A. ASPLOS' 14: Proceedings of the 19th International Conference on Architectural Support for Programming Languages and Operating Systems. New York: ACM, 2014: 3-18.

[3] FÄRBER F, CHA S K, PRIMSCH J, et al. SAP HANA database: Data management for modern business applications [J]. SIGMOD Record, 2012, 40 (4): 45-51.

[4] LABS R. Redis: Remote dictionary server [EB/OL]. (2021-3-21). https://redis. io/.

[5] ZAHARIA M, CHOWDHURY M, FRANKLIN M J, et al. Spark: Cluster computing with working sets [C]//NAHUM E, XU D. HotCloud' 10: Proceedings of the 2nd USENIX Conference on Hot Topics in Cloud Computing. Berkeley: USENIX Association, 2010: 1-7.

[6] GHOSE S, YAGLIKCI A G, GUPTA R, et al. What your DRAM

power models are not telling you: Lessons from a detailed experimental study [J]. Measurement and Analysis of Computing Systems, 2018, 2 (3): 1-41.

[7] INTEL CORPORATION. Intel Optane persistent memory [EB/OL]. (2019-3-24). https://www. intel. com/content/www/us/en/architecture-and-technology/optane-dc-persistent-memory. html.

[8] LEE B C, IPEK E, MUTLU O, et al. Architecting phase change memory as a scalable DRAM alternative [C]//KECKLER S. ISCA'09: Proceedings of the 36th Annual International Symposium on Computer Architecture. New York: ACM, 2009: 2-13.

[9] QURESHI M K, SRINIVASAN V, RIVERS J A. Scalable high performance main memory system using phase-change memory technology [C]//KECKLER S. ISCA'09: Proceedings of the 36th Annual International Symposium on Computer Architecture. New York: ACM, 2009: 24-33.

[10] ZHOU P, ZHAO B, YANG J, et al. A durable and energy efficient main memory using phase change memory technology [C]//KECKLER S. ISCA'09: Proceedings of the 36th Annual International Symposium on Computer Architecture. New York: ACM, 2009: 14-23.

[11] BAEK I G, LEE M S, SEO S, et al. Highly scalable nonvolatile resistive memory using simple binary oxide driven by asymmetric unipolar voltage pulses [C]//KIM K. Proceedings of the 2014 International Electron Devices Meeting. Piscataway: IEEE, 2004: 587-590.

[12] XU J, SWANSON S. NOVA: A log-structured file system for hybrid volatile/non-volatile main memories [C]//BROWN A, POPOVICI F. FAST'16: Proceedings of the 14th USENIX Conference on File and Storage Technologies. Berkeley: USENIX Association, 2016: 323-338.

[13] HU Q, REN J, BADAM A, et al. Log-structured non-volatile

main memory [C]//SILVA D, FORD B. USENIX ATC' 17: Pro-
ceedings of the 23rd Conference on USENIX Annual Technical
Conference. Berkeley: USENIX Association, 2017: 703-717.

[14] MITCHELL C, GENG Y, LI J. Using one-sided RDMA reads to
build a fast, CPU-efficient keyvalue store [C]//BIRRELL A,
SIRER E. USENIX ATC' 13: Proceedings of the 19th USENIX
Annual Technical Conference. Berkeley: USENIX Association,
2013: 103-114.

[15] DRAGOJEVIĆ A, NARAYANAN D, HODSON O, et al.
FaRM: Fast remote memory [C]//MAHAJAN R, STOICA I.
NSDI' 14: Proceedings of the 11th USENIX Conference on Net-
worked Systems Design and Implementation. Berkeley: USENIX
Association, 2014: 401-414.

[16] LU Y, SHU J, CHEN Y, et al. Octopus: An RDMA-enabled
distributed persistent memory file system [C]//SILVA D, FORD
B. USENIX ATC' 17: Proceedings of the 23rd Conference on
USENIX Annual Technical Conference. Berkeley: USENIX Asso-
ciation, 2017: 773-785.

[17] JIN X, LI X, ZHANG H, et al. Netcache: Balancing key-value
stores with fast in-network caching [C]//CHEN H, ZHOU L.
SOSP' 17: Proceedings of the 26th Symposium on Operating Sys-
tems Principles. New York: ACM, 2017: 121-136.

[18] LI B, RUAN Z, XIAO W, et al. Kv-direct: High-performance
in-memory key-value store with programmable NIC [C]//CHEN
H, ZHOU L. SOSP' 17: Proceedings of the 26th Symposium on
Operating Systems Principles. New York: ACM, 2017: 137-152.

[19] LIU Z, BAI Z, LIU Z, et al. Distcache: Provable load balancing
for large-scale storage systems with distributed caching [C]//
MERCHANT A, WEATHERSPOON H. FAST' 19: Proceedings
of the 17th USENIX Conference on File and Storage Technolo-
gies. Berkeley: USENIX Association, 2019: 143-157.

[20] LI J, MICHAEL E, PORTS D R K. Eris: Coordination-free consistent transactions using in-network concurrency control [C]// CHEN H, ZHOU L. SOSP' 17: Proceedings of the 26th Symposium on Operating Systems Principles. New York: ACM, 2017: 104-120.

[21] YU Z, ZHANG Y, BRAVERMAN V, et al. Netlock: Fast, centralized lock management using programmable switches [C]//MISRA V, SCHULZRINNE H. SIGCOMM' 20: Proceedings of the Annual Conference of the ACM Special Interest Group on Data Communication on the Applications, Technologies, Architectures, and Protocols for Computer Communication. New York: ACM, 2020: 126-138.

[22] JIN X, LI X, ZHANG H, et al. Netchain: Scale-free sub-RTT coordination [C]//BANERJEE S, SESHAN S. NSDI' 18: Proceedings of the 15th USENIX Conference on NETWORKED Systems Design and Implementation. Berkeley: USENIX Association, 2018: 35-49.

[23] HWANG D, KIM W H, WON Y, et al. Endurable transient inconsistency in byte-addressable persistent b+-tree [C]//AGRAWAL N, RANGASWAMI R. FAST' 18: Proceedings of the 16th USENIX Conference on File and Storage Technologies. Berkeley: USENIX Association, 2018: 187-200.

[24] BHAT S S, EQBAL R, CLEMENTS A T, et al. Scaling a file system to many cores using an operation log [C]//CHEN H, ZHOU L. SOSP' 17: Proceedings of the 26th Symposium on Operating Systems Principles. New York: ACM, 2017: 69-86.

[25] CHEN Y, LU Y, ZHU B, et al. Scalable persistent memory file system with kernel-userspace collaboration [C]//AGUILERA M, YADGAR G. FAST' 21: Proceedings of the 19th USENIX Conference on File and Storage Technologies. Berkeley: USENIX Association, 2021: 81-95.

[26] CHEN Y, LU Y, SHU J. Scalable RDMA RPC on reliable connection with efficient resource sharing [C]//FETZER C. EuroSys' 19: Proceedings of the 14th EuroSys Conference. New York: ACM, 2019: 1-14.

[27] CHEN Y, LU Y, YANG F, et al. FlatStore: An efficient log-structured key-value storage engine for persistent memory [C]//LARUS J. ASPLOS' 20: Proceedings of the 25th International Conference on Architectural Support for Programming Languages and Operating Systems. New York: ACM, 2020: 1077-1091.

[28] CONDIT J, NIGHTINGALE E B, FROST C, et al. Better I/O through byte-addressable, persistent memory [C]//MATTHEWS J. SOSP' 09: Proceedings of the 22nd Symposium on Operating Systems Principles. New York: ACM, 2009: 133-146.

[29] DULLOOR S R, KUMAR S, KESHAVAMURTHY A, et al. System software for persistent memory [C]//BULTERMANN D, BOS H. EuroSys' 14: Proceedings of the 9th European Conference on Computer Systems. New York: ACM, 2014: 1-15.

[30] WU X, REDDY A L N. SCMFS: A file system for storage class memory [C]//LATHROP S. SC' 11: Proceedings of 24th International Conference for High Performance Computing, Networking, Storage and Analysis. New York: ACM, 2011: 1-23.

[31] WANG Y, JIANG D, XIONG J. Caching or not: Rethinking virtual file system for non-volatile main memory [C]//GOEL A, TALAGALA N. HotStorage' 18: Proceedings of the 10th USENIX Workshop on Hot Topics in Storage and File Systems. Berkeley: USENIX Association, 2018: 32-39.

[32] VOLOS H, NALLI S, PANNEERSELVAM S, et al. Aerie: Flexible file-system interfaces to storage-class memory [C]//BULTERMANN D, BOS H. EuroSys' 14: Proceedings of the 9th European Conference on Computer Systems. New York: ACM, 2014: 1-14.

[33] KWON Y, FINGLER H, HUNT T, et al. Strata: A cross media file system [C]//CHEN H, ZHOU L. SOSP'17: Proceedings of the 26th Symposium on Operating Systems Principles. New York: ACM, 2017: 460-477.

[34] INTEL CORPORATION. The persistent memory development kit [EB/OL]. (2021-3-23). https://pmen. io/pmdk.

[35] KALIA A, KAMINSKY M, ANDERSEN D G. Using RDMA efficiently for key-value services [C]//KRISHNAMURTHY A, RATNASAMY S. SIGCOMM'14: Proceedings of the 2014 ACM Conference on SIGCOMM. New York: ACM, 2014: 295-306.

[36] WANG Y, ZHANG L, TAN J, et al. Hydradb: A resilient RDMA-driven key-value middleware for in-memory cluster computing [C]//KERN J. SC'15: Proceedings of the 28th International Conference for High Performance Computing, Networking, Storage and Analysis. New York: ACM, 2015: 1-11.

[37] WANG Y, MENG X, ZHANG L, et al. C-hint: An effective and reliable cache management for RDMA-accelerated key-value stores [C]//ANDERSON T, HELLERSTEIN J. SOCC'14: Proceedings of 5th the ACM Symposium on Cloud Computing. New York: ACM, 2014: 1-13.

[38] SU M, ZHANG M, CHEN K, et al. RFP: When RPC is faster than server-bypass with RDMA [C]//VULOLIC M. EuroSys'17: Proceedings of the 12th European Conference on Computer Systems. New York: ACM, 2017: 1-15.

[39] CASSELL B, SZEPESI T, WONG B, et al. Nessie: A decoupled, client-driven key-value store using RDMA [J]. IEEE Transactions on Parallel and Distributed Systems, 2017, 28 (12): 3537-3552.

[40] WEI X, SHI J, CHEN Y, et al. Fast in-memory transaction processing using RDMA and HTM [C]//MILLER E. SOSP'15: Proceedings of the 25th Symposium on Operating Systems Princi-

ples. New York: ACM, 2015: 87-104.

[41] WEI X, DONG Z, CHEN R, et al. Deconstructing RDMA-ena-
bled distributed transactions: Hybrid is better [C]//ARPACI-
DUSSEAU A, VOELKER G. OSDI' 18: Proceedings of the 13th
USENIX Conference on Operating Systems Design and Implemen-
tation. Berkeley: USENIX Association, 2018: 233-251.

[42] DRAGOJEVIĆ A, NARAYANAN D, NIGHTINGALE E B, et al.
No compromises: Distributed transactions with consistency, availa-
bility, and performance [C]//MILLER E. SOSP' 15: Proceed-
ings of the 25th Symposium on Operating Systems Principles.
New York: ACM, 2015: 54-70.

[43] KALIA A, KAMINSKY M, ANDERSEN D G. FaSST: Fast,
scalable and simple distributed transactions with two-sided (RD-
MA) datagram RPCs [C]//KEETON K, Roscoe T. OSDI' 16:
Proceedings of the 12th USENIX Symposium on Operating Sys-
tems Design and Implementation. Savannah: USENIX Associa-
tion, 2016: 185-201.

[44] SHAN Y, TSAI S Y, ZHANG Y. Distributed shared persistent
memory [C]//CURINO C. SoCC' 17: Proceedings of the 8th Sym-
posium on Cloud Computing. New York: ACM, 2017: 323-337.

[45] GHEMAWAT S, GOBIOFF H, LEUNG S T. The Google file sys-
tem [C]//SCOTT M. SOSP' 03: Proceedings of the 19th ACM
Symposium on Operating Systems Principles. New York: ACM,
2003: 29-43.

[46] WEIL S A, BRANDT S A, MILLER E L, et al. Ceph: A scala-
ble, high-performance distributed file system [C]//BERSHAD
B, MOGUL J. OSDI' 06: Proceedings of the 7th Symposium on
Operating Systems Design and Implementation. Berkeley: USE-
NIX Association, 2006: 307-320.

[47] YANG J, IZRAELEVITZ J, SWANSON S. Orion: A distributed
file system for non-volatile main memory and RDMA-capable net-

works [C]//MERCHANT A, WEATHERSPOON H. FAST' 19:
Proceedings of the 17th USENIX Conference on File and Storage
Technologies. Berkeley: USENIX Association, 2019: 221-234.

[48] ZHANG Y, YANG J, MEMARIPOUR A, et al. Mojim: A relia-
ble and highly-available non-volatile memory system [C]//OZ-
TURK O, EBCIOGLU K. ASPLOS' 15: Proceedings of the 20th
International Conference on Architectural Support for Program-
ming Languages and Operating Systems. New York: ACM, 2015:
3-18.

[49] YANG J, IZRAELEVITZ J, SWANSON S. FileMR: Rethinking
RDMA networking for scalable persistent memory [C]//BHAG-
WAN R, PORTER G. NSDI' 20: Proceedings of the 17th USE-
NIX Symposium on Networked Systems Design and Implementa-
tion. Berkeley: USENIX Association, 2020: 111-125.

[50] HOWARD J, KAZAR M, MENEES S, et al. Scale and perform-
ance in a distributed file system [C]// BELADY L. SOSP' 87:
Proceedings of the 11th ACM Symposium on Operating Systems
Principles. New York: ACM, 1987: 1-2.

[51] OU J, SHU J, LU Y. A high performance file system for non-vola-
tile main memory [C]//CADAR C, PIETZUCH P. EuroSys' 16:
Proceedings of the 11th European Conference on Computer Sys-
tems. New York: ACM, 2016: 1-16.

[52] CHEN Y, SHU J, OU J, et al. HiNFS: A persistent memory file
system with both buffering and direct-access [J]. ACM Transac-
tion on Storage, 2018, 14 (1): 102-131.

[53] KADEKODI R, LEE S K, KASHYAP S, et al. SplitFS: Reduc-
ing software overhead in file systems for persistent memory [C]//
BRECHT T. SOSP' 19: Proceedings of the 27th ACM Symposium
on Operating Systems Principles. New York: ACM, 2019:
494-508.

[54] DONG M, BU H, YI J, et al. Performance and protection in the

ZoFS user-space NVM file system [C]//BRECHT T. SOSP' 19:
Proceedings of the 27th ACM Symposium on Operating Systems
Principles. New York: ACM, 2019: 478-493.

[55] DEAN J, BARROSO L A. The tail at scale [J]. ACM Commu-
nications, 2013, 56 (2): 74-80.

[56] QIN H, LI Q, SPEISER J, et al. Arachne: Core-aware thread
management [C]//ARPACI-DUSSEAU A, VOELKER G. OSDI'
18: Proceedings of the 12th USENIX Conference on Operating
Systems Design and Implementation. Berkeley: USENIX Associa-
tion, 2018: 145-160.

[57] ZHOU D, PAN W, XIE T, et al. A file system bypassing vola-
tile main memory: Towards a singlelevel persistent store [C]//
KAELI D, PERICAS M. CF' 18: Proceedings of the 15th ACM
International Conference on Computing Frontiers. New York:
ACM, 2018: 97-104.

[58] PUGH W. Skip lists: A probabilistic alternative to balanced trees
[J]. ACM Communications, 1990, 33 (6): 668-676.

[59] FRASER K. Practical lock-freedom [EB/OL]. (2004 - 02 -
01). https://www.cl.cam.ac.uk/techreports/UCAM-CL-TR-
579.pdf.

[60] HENDLER D, INCZE I, SHAVIT N, et al. Flat combining and
the synchronization-parallelism tradeoff [C]//PHILLIPS C.
SPAA' 10: Proceedings of the 22nd Symposium on Parallelism in
Algorithms and Architectures. New York: ACM, 2010: 355-364.

[61] ROGHANCHI S, ERIKSSON J, BASU N. ffwd: Delegation is
(much) faster than you think [C]//CHEN H, ZHOU L. SOSP'
17: Proceedings of the 26th Symposium on Operating Systems
Principles. New York: ACM, 2017: 342-358.

[62] CARD R, TS' O T, TWEEDIE S. Design and implementation of
the second extended filesystem [C]//HUTTON A, ROSS C.
DISL' 94: Proceedings of the 1st Dutch International Symposium

on Linux. New York: ACM, 1994: 1-6.

[63] PETER S, LI J, ZHANG I, et al. Arrakis: The operating system is the control plane [C]//FLINN J, LEVY H. OSDI' 14: Proceedings of the 11th USENIX Conference on Operating Systems Design and Implementation. Berkeley: USENIX Association, 2014: 1-16.

[64] WILCOX M. Support ext4 on NV-DIMMs [EB/OL]. (2014-02-25). https: //lwn. net/Articles/588218.

[65] SWEENEY A, DOUCETTE D, HU W, et al. Scalability in the XFS file system [C]//OUSTERHOUT J. USENIX ATC' 96: volume 15 Proceedings of the 4th USENIX Annual Technical Conference. Berkeley: USENIX Association, 1996: 1-1.

[66] MIN C, KASHYAP S, MAASS S, et al. Understanding many-core scalability of file systems [C]//GULATI A, WEATHERSPOON H. USENIX ATC' 16: Proceedings of the 22nd USENIX Conference on Usenix Annual Technical Conference. Berkeley: USENIX Association, 2016: 71-85.

[67] LI B, CUI T, WANG Z, et al. Socksdirect: Datacenter sockets can be fast and compatible [C]//WU J, HALL W. SIGCOMM' 19: Proceedings of the ACM Special Interest Group on Data Communication. New York: ACM, 2019: 90-103.

[68] YANG J, KIM J, HOSEINZADEH M, et al. An empirical guide to the behavior and use of scalable persistent memory [C]//NOH S, WELCH B. FAST' 20: Proceedings of the 18th USENIX Conference on File and Storage Technologies. Berkeley: USENIX Association, 2020: 169-182.

[69] SUN MICROSYSTEMS. Filebench: A prototype model based workload for file systems [EB/OL]. (2004-04-24). http: //www. nfsv4bat. org/Documents/nasconf/2004/filebench. pdf.

[70] LI H, GHODSI A, ZAHARIA M, et al. Tachyon: Reliable, memory speed storage for cluster computing frameworks [C]//

SOCC' 14: Proceedings of the ACM Symposium on Cloud Computing. New York: ACM, 2014: 1-15.

[71] STUEDI P, TRIVEDI A, PFEFFERLE J, et al. Crail: A high-performance i/o architecture for distributed data processing [J]. IEEE Database Engineering Bulletin, 2017, 40: 38-49.

[72] CHEN Y, WEI X, SHI J, et al. Fast and general distributed transactions using RDMA and HTM [C]//CADAR C, PIET-ZUCH P. EuroSys' 16: Proceedings of the 11th European Conference on Computer Systems. New York: ACM, 2016: 1-17.

[73] ISLAM N S, WASI-UR RAHMAN M, Lu X, et al. High performance design for HDFS with byte-addressability of NVM and RDMA [C]//OZTURK O, EBCIOGLU K. ICS' 16: Proceedings of the 30th International Conference on Supercomputing. New York: ACM, 2016: 1-14.

[74] XUE J, MIAO Y, CHEN C, et al. Fast distributed deep learning over RDMA [C]//FETZER C. EuroSys' 19: Proceedings of the 14th EuroSys Conference 2019. New York: ACM, 2019: 1-14.

[75] KALIA A, KAMINSKY M, ANDERSEN D G. Design guidelines for high performance RDMA systems [C]//GULATI A, WEATH-ERSPOON H. USENIX ATC' 16: Proceedings of the 22th USE-NIX Annual Technical Conference. Berkeley: USENIX Association, 2016: 437-450.

[76] TSAI S Y, ZHANG Y. LITE kernel RDMA support for datacenter applications [C]//CHEN H, ZHOU L. SOSP' 17: Proceedings of the 26th Symposium on Operating Systems Principles. New York: ACM, 2017: 306-324.

[77] INTEL CORPORATION. Intel data direct I/O technology (Intel DDIO): A primer [EB/OL]. (2012-04-15). http://www.intel.com/content/dam/www/public/us/en/documents/technology-briefs/data-direct-i-o-technology-brief. pdf.

[78] TECHNOLOGIES M. Connect-IB: Architecture for scalable high

performance computing [EB/OL]. (2013). http：//www. mellanox. com/related-docs/applications/SB_Connect-IB. pdf.

[79] KALIA A, KAMINSKY M, ANDERSEN D. Datacenter RPCs can be general and fast [C]//LORCH J, YU M. NSDI' 19：Proceedings of the 16th USENIX Symposium on Networked Systems Design and Implementation. Berkeley：USENIX Association, 2019：1-16.

[80] INTEL CORPORATION. Processor Counter Monitor (PCM) [EB/OL]. (2016-05-22). https：//github. com/opcm/pcm.

[81] ALOMARI M, CAHILL M, FEKETE A, et al. The cost of serializability on platforms that use snapshot isolation [C]//ALONSO G. ICDE' 08：2008 IEEE 24th International Conference on Data Engineering. Piscataway：IEEE, 2008：576-585.

[82] NISHTALA R, FUGAL H, GRIMM S, et al. Scaling memcache at Facebook [C]//FEAMSTER N, MOGUL J. NSDI' 13：Proceedings of the 10th USENIX Symposium on Networked Systems Design and Implementation. Berkeley：USENIX Association, 2013：385-398.

[83] PREKAS G, KOGIAS M, BUGNION E. ZygOS：Achieving low tail latency for microsecond-scale networked tasks [C]//CHEN H, ZHOU L. SOSP' 17：Proceedings of the 26th Symposium on Operating Systems Principles. New York：ACM, 2017：325-341.

[84] KAFFES K, CHONG T, HUMPHRIES J T, et al. Shinjuku：Preemptive scheduling for Usecond-scaletail latency [C]//LORCH J, YU M. NSDI' 19：Proceedings of the 16th USENIX Symposium on Networked Systems Design and Implementation. Berkeley：USENIX Association, 2019：345-360.

[85] OUSTERHOUT A, FRIED J, BEHRENS J, et al. Shenango：Achieving high CPU efficiency for latency-sensitive datacenter workloads [C]//LORCH J, YU M. NSDI' 19：Proceedings of the 16th USENIX Symposium on Networked Systems Design and Im-

plementation. Boston: USENIX Asso-ciation, 2019: 361-378.

[86] DIDONA D, ZWAENEPOEL W. Size-aware sharding for improving tail latencies in in-memory key-value stores [C]//LORCH J, YU M. NSDI' 19: Proceedings of the 16th USENIX Symposium on Networked Systems Design and Implementation. Berkeley: USENIX Association, 2019: 79-94.

[87] BERGER D S, BERG B, ZHU T, et al. Robinhood: Tail latency-aware caching-dynamically reallocating from cache-rich to cache-poor [C]//ARPACI-DUSSEAU A, VOELKER G. OSDI' 18: Proceedings of the 12th USENIX Conference on Operating Systems Design and Implementation. Berkeley: USENIX Association, 2018: 195-212.

[88] FEKETE A, GOLDREI S N, ASENJO J P. Quantifying isolation anomalies [J]. VLDB Endowment, 2009, 2 (1): 467-478.

[89] TU S, ZHENG W, KOHLER E, et al. Speedy transactions in multicore in-memory databases [C]//KAMINSKY M. SOSP' 13: Proceedings of the 24th Symposium on Operating Systems Principles. New York: ACM, 2013: 18-32.

[90] KIMURA H. FOEDUS: OLTP engine for a thousand cores and NVRAM [C]//SELLIS T. SIGMOD' 15: Proceedings of the 41st International Conference on Management of Data. New York: ACM, 2015: 691-706.

[91] WANG T, KIMURA H. Mostly-optimistic concurrency control for highly contended dynamic work-loads on a thousand cores [J]. VLDB Endowment, 2016, 10 (2): 49-60.

[92] LIM H, KAMINSKY M, ANDERSEN D G. Cicada: Dependably fast multi-core in-memory transac-tions [C]//BERNSTEIN P. SIGMOD' 17: Proceedings of the 43rd ACM International Conference on Management of Data. New York: ACM, 2017: 21-35.

[93] YU X, PAVLO A, SANCHEZ D, et al. Tictoc: Time traveling optimistic concurrency control [C]//OZCAN F, KOUTRIKA G.

SIGMOD' 16: Proceedings of the 42nd International Conference on Management of Data. New York: ACM, 2016: 1629-1642.

[94] YU X, BEZERRA G, PAVLO A, et al. Staring into the abyss: An evaluation of concurrency control with one thousand cores [J]. VLDB Endowment, 2014, 8 (3): 209-220.

[95] PELUSO S, PALMIERI R, ROMANO P, et al. Disjoint-access parallelism: Impossibility, possibility, and cost of transactional memory implementations [C]//GEORGIOU C. PODC' 15: Proceedings of the 34th ACM Symposium on Principles of Distributed Computing. New York: ACM, 2015: 217-226.

[96] CORBETT J C, DEAN J, EPSTEIN M, et al. Spanner: Google's globally-distributed database [C]//THEKKATH C. OSDI' 12: Proceedings of the 10th USENIX Conference on Operating Systems Design and Implementation. Berkeley: USENIX Association, 2012: 251-264.

[97] SHANG Z, LI F, YU J X, et al. Graph analytics through fine-grained parallelism [C]//OZCAN F, KOUTRIKA G. SIGMOD' 16: Proceedings of the 42nd International Conference on Management of Data. New York: ACM, 2016: 463-478.

[98] DIACONU C, FREEDMAN C, ISMERT E, et al. Hekaton: SQL server's memory-optimized OLTP engine [C]//PAPADIAS D. SIGMOD' 13: Proceedings of the 39th ACM SIGMOD International Conference on Management of Data. New York: ACM, 2013: 1243-1254.

[99] GIACOMONI J, MOSELEY T, VACHHARAJANI M. Fastforward for efficient pipeline parallelism: A cache-optimized concurrent lock-free queue [C]//CHATTERJEE S. PPoPP' 08: Proceedings of the 13th ACM SIGPLAN Symposium on Principles and Practice of Parallel Programming. New York: ACM, 2008: 43-52.

[100] CAMERON. A fast multi-producer, multi-consumer lock-free

concurrent queue for C++11 [EB/OL]. (2020-12-09). https:
//github. com/cameron314/concurrentqueue.

[101] HUANG Y, QIAN W, KOHLER E, et al. Opportunities for optimism in contended main-memory multicore transactions [J].
VLDB Endowment, 2020, 13 (5): 629-642.

[102] MAO Y, KOHLER E, MORRIS R T. Cache craftiness for fast
multicore key-value storage [C]//FELBER P. EuroSys' 12:
Proceedings of the 7th ACM European Conference on Computer
Systems. New York: ACM, 2012: 183-196.

[103] PAVLO A. What are we doing with our lives? nobody cares about
our concurrency control research [EB/OL]. (2017-05-14).
https: //www. cs. cmu. edu/~pavlo/slides/pavlo-keynote-sigmod2017. pdf.

[104] REDA W, CANINI M, SURESH L, et al. Rein: Taming tail
latency in key-value stores via multiget scheduling [C]//
VUKOLIC M. EuroSys' 17: Proceedings of the 12th European
Conference on Computer Systems. New York: ACM, 2017: 95-
110.

[105] THOMSON A, DIAMOND T, WENG S C, et al. Calvin: Fast
distributed transactions for partitioned database systems [C]//
CANDAN S, CHEN Y. SIGMOD' 12: Proceedings of the 38th
ACM SIG-MOD International Conference on Management of Data. New York: ACM, 2012: 1-12.

[106] XIE C, SU C, LITTLEY C, et al. High-performance ACID via
modular concurrency control [C]//MILLER E. SOSP' 15: Proceedings of the 25th Symposium on Operating Systems Principles. New York: ACM, 2015: 279-294.

[107] WANG Z, MU S, CUI Y, et al. Scaling multicore databases via
constrained parallel execution [C]//OZCAN F, KOUTRIKA G.
SIGMOD' 16: Proceedings of the 42nd International Conference
on Management of Data. New York: ACM, 2016: 1643-1658.

[108] HOTEA SOLUTIONS. TPC benchmark C [EB/OL]. (2021-03-21). http://www.tpc.org/tpcc/ .

[109] COOPER B F, SILBERSTEIN A, TAM E, et al. Benchmarking cloud serving systems with YCSB [C]//HELLERSTEIN J. SOCC'10: Proceedings of the 1st ACM Symposium on Cloud Computing. New York: ACM, 2010: 143-154.

[110] DECANDIA G, HASTORUN D, JAMPANI M, et al. Dynamo: Amazon's highly available key-value store [C]//BRESSOUD T. SOSP'07: Proceedings of 21st Symposium on Operating Systems Principles. New York: ACM, 2007: 205-220.

[111] CHANG F, DEAN J, GHEMAWAT S, et al. Bigtable: A distributed storage system for structured data [J]. ACM Transactions on Compututer Systems, 2008, 26 (2): 103-128.

[112] LI M, ANDERSEN D G, PARK J W, et al. Scaling distributed machine learning with the parameter server [C]//FLINN J, LEVY H. OSDI'14: Proceedings of the 11th USENIX Conference on Operating Systems Design and Implementation. Berkeley: USENIX Association, 2014: 583-598.

[113] KLIMOVIC A, WANG Y, STUEDI P, et al. Pocket: Elastic ephemeral storage for serverless analytics [C]//ARPACI-DUSSEAU A, VOELKER G. OSDI'18: Proceedings of the 12th USENIX Conference on Operating Systems Design and Implementation. Berkeley: USENIX Association, 2018: 427-444.

[114] OUSTERHOUT J, GOPALAN A, GUPTA A, et al. The RAMCloud storage system [J]. ACM Transactions on Computer Systems, 2015, 33 (3): 1-55.

[115] RUMBLE S M, ONGARO D, STUTSMAN R, et al. It's time for low latency [C]//MANIATIS P. HotOS'13: Proceedings of the 13th USENIX Conference on Hot Topics in Operating Systems. Berkeley: USENIX Association, 2011: 1-11.

[116] ATIKOGLU B, XU Y, FRACHTENBERG E, et al. Workload

analysis of a large-scale key-value store [C]//HARRISON P. SIGMETRICS' 12: Proceedings of the 12th ACM SIGMET-RICS/PERFORMANCE Joint International Conference on Measurement and Modeling of Computer Systems. New York: ACM, 2012: 53-64.

[117] XIA F, JIANG D, XIONG J, et al. HiKV: A hybrid index key-value store for DRAM-NVM memory systems [C]//SILVA D, FORD B. USENIX ATC' 17: Proceedings of the 23rd USE-NIX Annual Technical Conference. Berkeley: USENIX Association, 2017: 349-362.

[118] HUANG Y, PAVLOVIC M, MARATHE V, et al. Closing the performance gap between volatile and persistent key-value stores using cross-referencing logs [C]//GUNAWI H, REED B. USE-NIX ATC' 18: Proceedings of the 24th USENIX Annual Technical Conference. Berkeley: USENIX Association, 2018: 967-979.

[119] CHEN S, JIN Q. Persistent B$^+$-trees in non-volatile main memory [J]. VLDB Endowment, 2015, 8 (7): 786-797.

[120] YANG J, WEI Q, CHEN C, et al. NV-Tree: Reducing consistency cost for NVM-based single level systems [C]//SCHIN-DLER J, ZADOK E. FAST' 15: Proceedings of the 13th USE-NIX Conference on File and Storage Technologies. Berkeley: USENIX Association, 2015: 167-181.

[121] OUKID I, LASPERAS J, NICA A, et al. Fptree: A hybrid SCM-DRAM persistent and concurrent b-tree for storage class memory [C]//OZCAN F, KOUTRIKA G. SIGMOD' 16: Proceedings of the 42nd International Conference on Management of Data. New York: ACM, 2016: 371-386.

[122] ZUO P, HUA Y, WU J. Write-optimized and high-performance hashing index scheme for persistent memory [C]//ARPACI-DUSSEAU A, Voelker G. OSDI' 18: Proceedings of the 12th USENIX Conference on Operating Systems Design and Imple-

mentation. Berkeley: USENIX Association, 2018: 461-476.

[123] NAM M, CHA H, RI CHOI Y, et al. Write-optimized dynamic hashing for persistent memory [C]//MERCHANT A, WEATH-ERSPOON H. FAST' 19: Proceedings of the 17th USENIX Conference on File and Storage Technologies. Berkeley: USENIX Association, 2019: 31-44.

[124] ROSENBLUM M, OUSTERHOUT J K. The design and implementation of a log-structured file system [J]. ACM Transactions on Computer Systems, 1992, 10 (1): 26-52.

[125] O' NEIL P, CHENG E, GAWLICK D, et al. The log-structured merge-tree (lsm-tree) [J]. Acta Informatica, 1996, 33 (4): 351-385.

[126] LEE C, SIM D, HWANG J Y, et al. F2fs: A new file system for flash storage [C]//SCHINDLER J, ZADOK E. FAST' 15: Proceedings of the 13th USENIX Conference on File and Storage Tech-nologies. Berkeley: USENIX Association, 2015: 273-286.

[127] BOYD-WICKIZER S, KAASHOEK M F, MORRIS R, et al. Oplog: a library for scaling update-heavy data structures [EB/OL]. (2014-01-01). https://people. csail. mit. edu/nicko-lai/papers/boyd-wicki zer-oplog-tr. pdf.

[128] AHMED A, ALY M, GONZALEZ J, et al. Scalable inference in latent variable models [C]//ADAR E, TEEVAN J. WSDM' 12: Proceedings of the 5th ACM International Conference on Web Search and Data Mining. New York: ACM, 2012: 123-132.

[129] BHANDARI K, CHAKRABARTI D R, BOEHM H J. Makalu: Fast recoverable allocation of non-volatile memory [C]//OOPS-LA 2016: Proceedings of the 31st International Conference on Object-Oriented Programming, Systems, Languages, and Applications. New York: ACM, 2016: 677-694.

[130] VENKATARAMAN S, TOLIA N, RANGANATHAN P, et al.

Consistent and durable data structures for non-volatile byte-addressable memory [C]//GANGER G, WILKES J. FAST' 11: Proceedings of the 9th USENIX Conference on File and Stroage Technologies. Berkeley: USENIX Association, 2011: 5-5.

[131] BERGER E D, MCKINLEY K S, Blumofe R D, et al. Hoard: A scalable memory allocator for multithreaded applications [C]// RUDOLPH L, GUPTA A. ASPLOS IX: Proceedings of the 9th International Conference on Architectural Support for Programming Languages and Operating Systems. New York: ACM, 2000: 117-128.

[132] RUMBLE S M, KEJRIWAL A, OUSTERHOUT J. Log-structured memory for DRAM-based storage [C]//SCHROEDER B, THERESKA E. FAST' 14: Proceedings of the 12th USENIX Conference on File and Storage Technologies. Berkeley: USENIX Association, 2014: 1-16.

[133] LIM H, HAN D, ANDERSEN D G, et al. MICA: A holistic approach to fast in-memory key-value storage [C]//MAHAJAN R, STOICA I. NSDI' 14: Proceedings of the 11th USENIX Conference on Networked Systems Design and Implementation. Berkeley: USENIX Association, 2014: 429-444.

[134] XU J, ZHANG L, MEMARIPOUR A, et al. Nova-fortis: A fault-tolerant non-volatile main memory file system [C]//CHEN H, ZHOU L. SOSP' 17: Proceedings of the 26th Symposium on Operating Systems Principles. New York: ACM, 2017: 478-496.

[135] ZHENG S, HOSEINZADEH M, SWANSON S. Ziggurat: A tiered file system for non-volatile main memories and disks [C]// MERCHANT A, WEATHERSPOON H. FAST' 19: Proceedings of the 17th USENIX Conference on File and Storage Technologies. Berkeley: USENIX Asso-ciation, 2019: 207-219.

[136] KANNAN S, ARPACI-DUSSEAU A C, ARPACI-DUSSEAU R H, et al. Designing a true direct-access file system with DevFS

[C]//AGRAWAL N, RANGASWAMI R. FAST' 18: Proceedings of the 16th USENIX Conference on File and Storage Technologies. Berkeley: USENIX Asso-ciation, 2018: 241-256.

[137] CHEN Y, LU Y, CHEN P, et al. Efficient and consistent NVMM cache for SSD-based file system [J]. IEEE Transactions on Computers, 2019, 68 (8): 1147-1158.

[138] ZENG K, LU Y, WAN H, et al. Efficient storage management for aged file systems on persistent memory [C]//SMEJKAL E. DATE' 17: Proceedings of the Conference on Design, Automation & Test in Europe. Leuven: European Design and Automation Association, 2017: 1773-1778.

[139] LEE S K, MOHAN J, KASHYAP S, et al. Recipe: Converting concurrent DRAM indexes to persistent-memory indexes [C]// BRECHT T. SOSP' 19: Proceedings of the 27th ACM Symposium on Operating Systems Principles. New York: ACM, 2019: 462-477.

[140] COBURN J, CAULFIELD A M, AKEL A, et al. Nv-heaps: Making persistent objects fast and safe with next-generation, non-volatile memories [C]//GUPTA R, MOWRY T. ASPLOS XVI: Proceedings of the 16th International Conference on Architectural Support for Programming Languages and Operating Systems. New York: ACM, 2011: 105-118.

[141] VOLOS H, TACK A J, SWIFT M M. Mnemosyne: Lightweight persistent memory [C]//GUPTA R, MOWRY T. ASPLOS XVI: Proceedings of the 16th International Conference on Architectural Support for Programming Languages and Operating Systems. New York: ACM, 2011: 91-104.

[142] LU Y, SHU J, SUN L. Blurred persistence: Efficient transactions in persistent memory [J]. ACM Transactions on Storage, 2016, 12 (1) 64-92.

[143] HWANG T, JUNG J, WON Y. Heapo: Heap-based persistent

object store [J]. ACM Transactions on Storage, 2015, 11 (1):
53-73.

[144] LIU M, ZHANG M, Chen K, et al. DudeTM: Building durable
transactions with decoupling for persistent memory [C]//CHEN
Y, CARTER J. ASPLOS' 17: Proceedings of the 22nd Interna-
tional Conference on Architectural Support for Programming
Languages and Operating Systems. New York: ACM, 2017:
329-343.

[145] POKE M, HOEFLER T. DARE: High-performance state ma-
chine replication on rdma networks [C]//KIELMANN T, HIL-
DEBRAND D. HPDC' 15: Proceedings of the 24th International
Symposium on High-Performance Parallel and Distributed Com-
puting. New York: ACM, 2015: 107-118.

[146] SHU J, CHEN Y, WANG Q, et al. TH-DPMS: Design and im-
plementation of an RDMA-enabled distributed persistent memory
storage system [J]. ACM Transactions on Storage, 2020, 16
(4):1-31.

[147] CHEN Y, LU Y, FANG K, et al. µtree: A persistent B$^+$-tree
with low tail latency [J]. VLDB Endowment, 2020, 13 (12):
2634-2648.

[148] LI K. IVY: A shared virtual memory system for parallel compu-
ting [EB/OL]. (1988-08-01). https://cs. uwaterloo. ca/~
brecht/courses/epfl/Possible-Readings/vm-and-gc/ivy-
shared-virtual -memory-li-icpp-1988. pdf.

[149] KELEHER P J, COX A L, DWARKADAS S, et al. Tread-
marks: Distributed shared memory on standard workstations and
operating systems [EB/OL]. (1994-11-19). https://wiki.
ubc. ca/images/b/be/Tr eadMarks. pdf.

[150] CARTER J B, BENNETT J K, ZWAENEPOEL W. Techniques
for reducing consistency-related commu-nication in distributed
shared-memory systems [J]. ACM Transactions on Computer

Systems, 1995, 13 (3): 205-243.

[151] JOSE J, SUBRAMONI H, LUO M, et al. Memcached design on high performance RDMA capable interconnects [C]//GAO G R, TSENG Y C. ICPP' 11: Proceedings of the 2011 International-al Conference on Parallel Processing. Piscataway: IEEE, 2011: 743-752.

[152] MARUF H A, CHOWDHURY M. Effectively prefetching re-mote memory with leap [C]//GAVRILOVSKA A, ZADOK E. USENIX ATC' 20: 2020 USENIX Annual Technical Conference. Berkeley: USENIX Association, 2020: 843-857.

致谢

　　衷心感谢我的导师舒继武教授对我的悉心指导。舒老师在科研工作初期就帮助我进行长远的博士生涯规划，不断帮助我建立起了科研信心。舒老师身体力行地教导我珍惜时间、保持热情，训练逻辑思维能力，您是我博士五年来的标杆与榜样，您忘我的投入与不知疲倦的勤勉无时不刻地感染着我。在撰写文档及论文写作中，您无数次教导我反复推敲细节与行文逻辑，这些工作品质将是我最为宝贵的财富。舒老师还给予了我极大的信任，将实验室中很多重要的工作都放心地交给我去做，并在我因被拒稿而心情低落的时候给予了我极大的关怀。谢谢您！

　　感谢陆游游副教授在我博士阶段的学术指导。陆老师在我大四时便鼓励我开展全新的课题，帮助我在前两年打牢了科研基础。在论文写作过程中，陆老师给我提供了极大的帮助，与您一起熬夜赶论文的记忆依旧历历在目。

　　感谢威斯康星大学麦迪逊分校的 Remzi 和 Andrea Arpaci-Dusseau 教授（夫妇），非常幸运能够得到二位学术泰斗的指导，您风趣幽默的治学态度让我在枯燥的科研中找到了乐趣，您对我论文写作及会议报告的悉心指导将让我终生受用。同时也感谢 Yang Wang、Xiangyao Yu 和 Paras Koutris 教授对我研究课题提供的帮助。

感谢汪东升老师、张广艳老师、李兆麟老师和薛巍老师对本书提出的宝贵意见。

感谢胡庆达、张佳程、毛海宇、杨帆、廖晓坚、汪庆、朱博弘、方科栋等在科研中对我的帮助；感谢实验室小伙伴对本书提出的意见，尤其感谢汪庆帮忙修改。

研究工作得到国家重点研发计划、自然科学基金、华为公司等单位的支持，特此感谢。

感谢刘桥、王鲲鹏和钱楚楚九年的鼓励与陪伴，感谢马宇辰、徐奕聪、徐伟健、杨鹏、罗腾浩、胥心、李武宜、官云忠等老朋友对我的关心和帮助；感谢在麦迪逊分校时黄婷、王绮思、张晓敏、乐燕芳、郑佩雯、李天舒、张雨薇、陶昱天、吴衍、刘婧等在新冠肺炎疫情期间对我的关照，让我顺利度过这段艰难的岁月；感谢博士期间室友的支持与鼓励。

特别感谢勤劳朴实的父亲和善解人意的母亲对我物质和精神上的支持，您这份毫无保留的爱让我在前进的路上倍感温暖。感谢姐姐、姐夫对我的关心与爱护，感谢你们为家庭默默地付出，让我在追逐梦想时无所顾忌。

最后，感谢我的妻子，你通透的处世哲学让我对很多从来没有思考过的问题有了新的认知，你热情善良的性格感染着我，让我更加积极自信地迎接生活；与你的每一次交谈都是新的成长，谢谢你的陪伴与鼓励。

在学期间完成的相关学术成果

学术论文：

（以第一作者/学生一作发表的论文）

[1] CHEN Y M, LU Y Y, ZHU B H, et al. Scalable Persistent Memory File System with Kernel-Userspace Collaboration [C]//Proceedings of the 19th USENIX Sympo-sium on File and Storage Technologies. Berkeley：USENIX Association，2021：81-95.（CCF A 类会议）

[2] CHEN Y M, LU Y Y, FANG K D, et al. μTree：a Persistent B^+-Tree with Low Tail Latency [C]//Proceedings of the 46th International Conference on Very Large Data Bases. Tokyo：VLDB Endowment Inc，2020：2634-2648.（CCF A 类会议）

[3] CHEN Y M, LU Y Y, YANG F, et al. Flat-Store：an Efficient Log-Structured Key-Value Storage Engine for Persistent Memory [C]//Proceedings of the 25th International Conference on Architectural Support for Programming Languages and Operating Systems. New York：ACM，2020：1077-1091.（CCF A 类会议）

[4] CHEN Y M, LU Y Y, SHU J W. Scalable RDMA RPC on Relia-

ble Connection with Efficient Resource Sharing［C］//Proceedings of the 14th EuroSys Conference. New York：ACM，2019：1-14. （TH-CPL A 类会议，CCF B 类会议）

［5］ SHU J W, CHEN Y M, WANG Q, et al. THDPMS：Design and Implementation of an RDMA-enabled Distributed Persistent Memory Storage System［J］. ACM Transactions on Storage，2020，16 （4）：article no. 24. （CCF A 类期刊）

［6］ CHEN Y M, LU Y Y, CHEN P, et al. Efficient and Consistent NVMM Cache for SSD-based File System［J］. IEEE Transactions on Computers，2018，68(8)：1147-1158. （CCF A 类期刊）

［7］ CHEN Y M, SHU J W, OU J X, et al. HiNFS：A persistent memory file system with both buffering and direct-access［J］. ACM Transactions on Storage，2018，14(1)：102-131. （CCF A 类期刊）

［8］ 舒继武，陈游旻，胡庆达，等. 非易失主存的系统软件研究进展 ［J］. 中国科学:信息科学，2021，51(6)：869-899 （TH-CPL A 类期刊）

［9］ 陈游旻，陆游游，罗圣美，等. 基于 RDMA 的分布式存储系统 研究综述［J］. 计算机研究与发展，2019，56(2)：227-239. （TH-CPL B 类期刊）

［10］ 陈游旻，朱博弘，韩银俊，等. 一种持久性内存文件系统数 据页的混合管理机制［J］. 计算机研究与发展，2020，57 （2）：281-290. （TH-CPL B 类期刊）

［11］ 陈游旻，李飞，舒继武. 大数据环境下的存储系统构建：挑 战，方法和趋势［J］. 大数据，2019，5(4)：27-40.

（非第一作者发表的论文）

［12］ YANG F, LUYY, CHEN Y M, et al. Aria：Tolerating Skewed Workloads in Secure In-memory Key-value Stores［C］//：Proceedings of the 37th IEEE International Conference on Data Engineering. Piscataway：IEEE, 2021：1020-1031.（CCF A 类会议）

［13］ WANG Q, LU Y Y, XU E LI J, CHEN Y M, et al. Concordia：
Distributed Shared Memory with In-Network Cache Coherence
［C］//Proceedings of the 19th USENIX Symposium on File and
Storage Technologies. Berkeley：USENIX Association, 2021：
277-292.（CCF A 类会议）

［14］ YANG F LU Y Y, CHEN Y M, et al. No Compromises：Secure
NVM with Crash Consistency, Write-Efficiency and High-Per-
formance ［C］//Proceedings of the 56th Design Automation Con-
ference. New York：ACM, 2019：1-6.（CCF A 类会议）

［15］ LU Y Y, SHU J W, CHEN Y M, et al. Octopus：an RD-
MA-enabled Distributed Persistent Memory File System ［C］//
Proceedings of the 2017 USENIX Conference on Usenix Annual
Technical Conference. New York：USENIX Association, 2017：
773-785.（CCF A 类会议）

［16］ ZHU B H, CHEN Y M, WANG Q, et al. Octopus⁺：an RD-
MA-enabled Distributed Persistent Memory File System ［J］. ACM
Transactions on Storage, 2021, 17(3)：1-25(CCF A 类期刊)

［17］ YANG F, CHEN Y M, MAO H Y, et al. ShieldNVM：An Effi-
cient and Fast Recoverable System for Secure Non-Volatile Memo-
ry ［J］. ACM Transactions on Storage, 2020, 16(2)：1 - 31.
（CCF A 类期刊）

［18］ HU J K, CHEN Y M, LU Y Y, et al. Understanding and analy-
sis of B⁺-trees on NVM towards consistency and efficiency ［J］.
CCF Transac-tions on High Performance Computing, 2020, 2
(1)：36-49.

［19］ 陈波, 陆游游, 蔡涛, 陈游旻, 等. 一种分布式持久性内存文
件系统的一致性机制 ［J］. 计算机研究与发展, 2020, 57

（3）：660-667.（TH-CPL B 类期刊）

［20］ 陈娟，胡庆达，陈游旻，等. 一种基于微日志的持久性事务内存系统［J］.计算机研究与发展，2018，55（9）：2029-2037.（TH-CPL B 类期刊）

申请及授权的发明专利：

（已授权专利）

［21］ 舒继武，陈游旻，朱博弘，陆游游. 持久性内存的数据存储访问方法、设备及装置，中国发明专利授权号：CN110377436B，授权公告日：2021.04.27。

［22］ 舒继武，陈游旻，李飞，陆游游. 分布式持久性内存存储系统的构建方法，中国发明专利授权号：CN110221779B，授权公告日：2020.06.19。

［23］ 陆游游，舒继武，陈游旻. 一种基于 RDMA 的分布式内存文件系统，中国发明专利授权号：CN108268208B，授权公告日：2020.01.17。

［24］ 陆游游，舒继武，陈游旻. 一种基于 RDMA 的高并发数据传输方法，中国发明专利授权号：CN106657365B，授权公告日：2019.12.17。

（公开未授权专利）

［25］ Jiwu Shu, Youmin Chen, Bohong Zhu, Youyou Lu, DATA STORAGE ACCESS METHOD, DEVICE AND APPARATUS FOR PERSISTENT MEMORY.（美国专利，申请号：16553276）

［26］ Jiwu Shu, Youmin Chen, Bohong Zhu, Youyou Lu, PERSISTENT MEMORY STORAGE ENGINE DEVICE BASED ON LOG STRUCTURE AND CONTROL METHOD.（美国专利，申请号：16553253）

［27］ 陆游游，舒继武，陈游旻，陈佩，徐君，林芃. 一种基于远程

直接内存访问 RDMA 的内存通信方法及装置,中国发明专利申请公布号:CN111858418A,申请公布日:2020.10.30。

[28] 舒继武,汪庆,陆游游,陈游旻. 一种分布式持久性内存事务系统的日志管理方法,中国发明专利申请公布号:CN111858418A,申请公布日:2020.10.30。

[29] 舒继武,唐小岚,陆游游,陈游旻,杨洪章,张晗. 一种基于RDMA 的数据传输方法和分布式共享内存系统,中国发明专利申请公布号:CN111277616A,申请公布日:2020.06.12。

[30] 舒继武,陈游旻,朱博弘,陆游游. 一种持久性内存对象存储系统,中国发明专利申请公布号:CN111240588A,申请公布日:2020.06.05。

[31] 舒继武,陈游旻,汪庆,陈佩,陆游游. 一种分布式持久性内存的全局地址空间管理方法,中国发明专利申请公布号:CN111241011A,申请公布日:2020.06.05。

[32] 舒继武,陈游旻,朱博弘,陆游游. 基于日志结构的持久性内存存储引擎装置及控制方法,中国发明专利申请公布号:CN110377531A,申请公布日:2019.10.25。

[33] 舒继武,陈游旻,陆游游,崔文林. 读写请求处理方法、装置、电子设备以及存储介质,中国发明专利申请公布号:CN109885393A,申请公布日:2019.06.14。

作为研究骨干参与的科研项目:

[34] 国家重点研发计划重点专项项目:TB 级持久性内存存储技术与系统(2018YFB1003301),2018 年 6 月—2021 年 5 月。

[35] 国家自然科学基金重点项目:新型分布式存储系统的高可靠性关键技术研究(61832011),2019 年 1 月—2023 年 12 月。

[36] 中兴通讯股份有限公司课题:基于 NVM 的分布式混合存储系统(20182002008),2018 年 11 月—2020 年 11 月。

[37] 华为技术有限公司:持久性内存与智能存储系统(YBN2019 125112), 2020 年 1 月—2022 年 12 月。

在学期间获得的主要奖励与荣誉:

[38] 中国计算机学会科学技术奖技术发明奖一等奖(个人排名第 2, 2020 年)。

[39] 首届华为奥林帕斯奖及百万悬红(个人排名第 3, 2020 年)。

[40] 国家奖学金, 教育部(2020 年)。

[41] 清华大学综合一等奖学金, 清华大学(2018 年, 2019 年)。

[42] 阿里云优秀论文产业奖(第一作者, 2020 年)。

[43] 论文"基于 RDMA 的分布式存储系统研究综述"获《计算机研究与发展》2019 年论文高被引 TOP10(第一作者)。

丛书跋

2006 年，中国计算机学会（简称 CCF）创立了 CCF 优秀博士学位论文奖（简称 CCF 优博奖），授予在计算机科学与技术及其相关领域的基础理论或应用基础研究方面有重要突破，或在关键技术和应用技术方面有重要创新的中国计算机领域博士学位论文的作者。微软亚洲研究院自 CCF 优博奖创立之初就大力支持此项活动，至今已有十余年。双方始终维持着良好的合作关系，共同增强 CCF 优博奖的影响力。自创立始，CCF 优博奖激励了一批又一批优秀年轻学者成长，帮他们赢得了同行认可，也为他们提供了发展支持。

为了更好地展示我国计算机学科博士生教育取得的成效，推广博士生科研成果，加强高端学术交流，CCF 委托机械工业出版社以"CCF 优博丛书"的形式，全文出版荣获 CCF 优博奖的博士学位论文。微软亚洲研究院再一次给予了大力支持，在此我谨代表 CCF 对微软亚洲研究院表示由衷的感谢。希望在双方的共同努力下，"CCF 优博丛书"可以激励更多的年轻学者做出优秀成果，推动我国计算机领域的科技进步。

唐卫清

中国计算机学会秘书长

2022 年 9 月